黑龙江省台风暴雨统计及分型研究

任 丽 张桂华 著

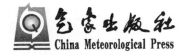

气象出版社
China Meteorological Press

内 容 简 介

作者通过多年天气预报业务实践与研究发现,台风暴雨给黑龙江省造成较为严重的次生灾害,影响到国家粮食安全,从而撰写了该学术专著。全书共分7章,第1章主要介绍东北地区台风暴雨研究的进展及业务预报中面临的科学问题;第2章统计分析了台风暴雨及环流特征分类;第3章到第6章系统地讨论了直接北上台风暴雨、台风残涡暴雨、台风与高空冷涡合并暴雨、台风与高空冷涡远距离相互作用暴雨的大尺度环流背景、发生发展过程、多尺度结构及触发机制、中尺度对流系统发展环境条件特征、雷达回波演变特征;第7章给出概念模型、结论、预报思路及预报着眼点。

本书适用于预报业务及科研人员学习,可供年轻预报员进行天气分析时参考,也可作为黑龙江省预报服务人员的案头工具书。

图书在版编目（ＣＩＰ）数据

黑龙江省台风暴雨统计及分型研究 / 任丽，张桂华
著. -- 北京 : 气象出版社, 2023.11
ISBN 978-7-5029-8101-3

Ⅰ. ①黑… Ⅱ. ①任… ②张… Ⅲ. ①台风－气候资
料－统计资料－研究－黑龙江省②暴雨－气候资料－统计
资料－研究－黑龙江省 Ⅳ. ①P4

中国国家版本馆CIP数据核字(2023)第221831号

黑龙江省台风暴雨统计及分型研究

Heilongjiang Sheng Taifeng Baoyu Tongji ji Fenxing Yanjiu

出版发行:气象出版社

地　　址:北京市海淀区中关村南大街 46 号　　　　邮政编码:100081
电　　话:010-68407112(总编室)　　010-68408042(发行部)
网　　址:http://www.qxcbs.com　　　　E-mail: qxcbs@cma.gov.cn
责任编辑:张　媛　　　　　　　　　　　终　审:张　斌
责任校对:张硕杰　　　　　　　　　　　责任技编:赵相宁
封面设计:艺点设计
印　　刷:北京中石油彩色印刷有限责任公司
开　　本:787 mm×1092 mm　1/16　　　印　张:4.5
字　　数:112 千字　　　　　　　　　　彩　插:1
版　　次:2023 年 11 月第 1 版　　　　　印　次:2023 年 11 月第 1 次印刷
定　　价:40.00 元

前　言

台风暴雨和大风因为其发生时间长、强度大、致灾性强而业务预报能力有限,成为天气预报中的重点和难点。作者在近30年天气预报业务实践中发现台风暴雨天气很难预报。本书是对这类天气系统深入的技术总结。但愿此书能帮助业务预报员提高对这类天气的认识和预报能力。

全书共分7章。第1章绪论,简单回顾了北上台风及东北地区台风暴雨研究进展,梳理了变性台风暴雨的研究现状和业务预报中面临的科学问题,介绍了本书主要研究内容及所用资料及方法。第2章黑龙江省台风暴雨统计及环流特征,包括台风暴雨气候特征、台风暴雨分型、不同类型台风暴雨环流形势特征及物理量特征。第3章直接北上台风暴雨,针对这一类台风暴雨典型个例1215号台风"布拉万"和1913号台风"玲玲"进行对比分析,归纳出该类台风暴雨发生的物理过程差异。第4章台风残涡暴雨,对1710号台风"海棠"残余环流北上影响进行分析,对造成暴雨的中尺度对流系统(MCS)的活动特征和环境条件及触发机制进行研究,加强对暴雨中尺度系统的理解,深化对暴雨中尺度系统的认识,也为暴雨预报提供有指示意义的信息。第5章台风与高空冷涡合并暴雨,对1610号台风"狮子山"大尺度环流背景、热力及动力条件、不稳定条件分析,探究中纬度系统与热带系统相互作用引发暴雨的原因。第6章台风与高空冷涡远距离相互作用暴雨,2019年8月6—8日在东北冷涡活动背景下,黑龙江省持续3 d受暖锋影响出现了暴雨天气,对本次持续性暴雨过程的锋生机制和动力、热力及水汽特征进行诊断分析,探讨暴雨的成因。1908号台风"范斯高"携带大量暖湿空气北上促使锋区北抬,使强降水维持。第7章是结论与讨论,给出台风暴雨的概念模型、预报着眼点和预报思路。

本书虽然是基于东北地区暴雨统计归纳提炼出来的成果,但也适合其他地区,有些结论具有可移植性。

本书写作的目的在于把对台风暴雨的研究成果奉献给读者,希望将作者多年在台风暴雨方面的预报思路和认识分享给广大读者,也欢迎读者提出宝贵意见和建议,相互交流、互相启发,共同提高预报暴雨准确率和提前量,为防灾减灾做出应有的贡献。

本书的完成得到国家重点研发计划项目(2018YFC1507303)、黑龙江省自然科学基金联合引导项目(LH2019D016)、黑龙江省气象局竞争性科技攻关项目(HQGG202103)、黑龙江省龙云气象科技有限责任公司气象院士工作站重点项目(YSZD201702)、中国气象局预报员专项(CMAYBY2019-033、CMAYBY2020-039)的共同资助。特别感谢南京信息工程大学环境科学与工程学院云天雨在数据统计及处理方面给予的帮助,同时感谢气象出版社对本书的出版提出的建议和支持。

由于作者水平有限,书中不妥之处在所难免,敬请读者批评和指正。

作者

2023 年 11 月于哈尔滨

目　　录

第 1 章　绪　　论

　　登陆北上或近海北上影响中国北方地区的台风,平均每年仅为 2~3 个,7 月至 9 月上旬为高峰期(王秀萍 等,2006;金荣花 等,2006)。中国东北地区地处中高纬度,虽然受台风影响的频次远不及中国东南沿海地区,但台风却是造成该地区大范围暴雨灾害的主要天气系统之一,据统计,在东北地区出现的大范围暴雨个例中,台风的直接影响或间接影响可以占到总数的 40%(孙力 等,2010)。黑龙江省地处中高纬度,是中国纬度最高的省份,受台风影响的频次远不及东南沿海地区,虽然平均每年不足 1 次,但几乎每年均有北上台风给黑龙江省带来强降水天气,且多数台风北上到高纬度已经停止编号或变性为温带气旋(王承伟 等,2017;任丽 等,2018)。2015—2020 年每年都有北上台风给黑龙江省带来暴雨天气,且依然是多数已经停止编号或变性为温带气旋(任丽 等,2013,2018;梁军 等,2020),或是与西风带冷涡(槽)发生相互作用而产生暴雨(梁军 等,2019;刘硕 等,2019;任丽 等,2019)。其中,台风登陆北上到黑龙江省维持编号且带来暴雨的两个典型个例:1215 号台风"布拉万"(任丽 等,2013;孙力 等,2015)和 1913 号台风"玲玲"。两个台风移至黑龙江省时均为热带风暴,且移动路径相似,最大日降水量均出现在哈尔滨市,台风"布拉万"带来 150 mm 的极端日降水,台风"玲玲"带来 103.5 mm 的日降水。移经黑龙江省时,台风"玲玲"强度大于台风"布拉万",然而台风"布拉万"的风雨影响比台风"玲玲"强。为了探究这两次台风过程中导致降水差异的物理过程,第 3 章使用多种资料对这两次台风暴雨过程进行对比分析。

　　过去对东北地区台风暴雨的研究较少,且基本停留在个例分析阶段,气候特征统计方面基本是空白。第 2 章通过研究近 60 年(1961—2020 年)台风活动规律、台风暴雨时空分布和环流形势及各物理量统计特征等,总结台风影响黑龙江省的气候规律。受 1710 号台风"海棠"残余环流北上影响,东北地区迎来大范围的暴雨、大暴雨天气,最大单日降水量为 185.6 mm,最大小时雨量为 51.1 mm。暴雨区呈带状分布,呈现向北增强的趋势,在时空分布上有明显的中尺度特征:降水强度大、突发性强、持续时间短。大暴雨区呈线状分布,水平宽度在 50 km左右,长度在 300 km 左右,具有典型的中 β 尺度对流系统特征。第 4 章对造成暴雨的中尺度对流系统(MCS)的活动特征和环境条件及触发机制进行研究,加强对暴雨中尺度系统的理解,深化对暴雨及中尺度对流系统的认识,也为暴雨预报提供有指示意义的信息。1610 号台风"狮子山"越过 30°N,与朝鲜半岛上空的低涡在逐渐靠近的过程中发生藤原效应,台风一路西行最终并入低涡环流中。台风将海上的热量和水汽向低涡输送,低涡不断加强,并稳定维持多日,给东北地区带来大范围持续多日的强降水天气。第 5 章分析了此次暴雨过程中的动力、水汽和不稳定条件,探究中纬度系统与热带系统相互作用引发暴雨的原因,为今后预报台风降水积累经验。2019 年 8 月 6—8 日在东北冷涡活动背景下,黑龙江省持续 3 d 受暖锋影响出现了暴雨天气,同时有 1908 号台风"范斯高"携带大量暖湿空气北上为暴雨提供充沛的水汽。第 6 章对此次持续性暴雨过程的锋生机制和动力、热力及水汽特征进行诊断分析,探讨暴雨成因,以期为今后东北冷涡背景下暖锋暴雨预报提供可供借鉴的参考依据。

1.1　北上台风研究回顾

台风暴雨是中国常见的灾害天气之一,具有发生频次高、降水强度大、影响范围广等特点,常常引发洪涝等次生灾害。台风活动不仅能给东南沿海带来大范围的暴雨天气(罗玲 等,2019;周芯玉 等,2020;黄艺伟 等,2021),还会转向北上深入内陆,给内陆地区带来暴雨(毕鑫鑫 等,2018;古秀杰 等,2019;任丽 等,2021a,2021b)甚至创纪录的极端降水,如河南"75·8"特大暴雨(丁一汇 等,1978)。西北太平洋上生成的台风近乎半数会向北或东北转向发生变性(Deng et al.,2018),变性过程中台风暖心结构会遭到破坏,逐渐向温带气旋转变,强降水往往呈现非对称性,还可能引发比变性前更强的灾害天气(孙力 等,2015;周冠博 等,2019)。台风在向北移动的过程中与中纬度冷槽引导南下的冷空气相遇会逐渐变性(李英 等,2013;姚晨 等,2019;任福民 等,2019),在有利条件下再次获得强烈发展(陈联寿 等,1979;程正泉 等,2012),降雨再度增强(陈宏 等,2020)。台风向北移动过程中携带了大量的水汽,在气旋性切变的环境场中,台风还向环境场输送能量,并激发和增强中纬度气旋性环流系统的发展,触发严重的灾害天气(雷小途 等,2001;陈宣淼 等,2018)。

李英等(2006)通过数值模拟试验指出,台风登陆后的变性加强与西风带高空槽的强度密切相关,较深槽携带较强冷平流、正涡度平流以及较强的槽前高空辐散,有利于台风的变性加强。进入台风的冷空气越强,越有利于台风变性加强,对应的天气也更加剧烈(钮学新 等,2010;陆佳麟 等,2012)。梁军等(2015,2019)分别对多个给辽东半岛带来暴雨的台风过程进行了对比分析,指出台风北上进入西风槽区会发生变性,台风所处的变性阶段不同,造成的降水有显著差异。吴丹等(2021)发现台风"天兔"降水的非对称分布与冷暖锋的相对强弱、水汽输送情况以及高空冷空气下传等有直接关系。程正泉等(2012)研究台风"海马"变性加强过程,发现台风与高空槽前急流发生耦合,冷空气侵入台风环流内部形成半冷半热结构;台风"海马"变性加强能量主要来自冷空气下沉释放的有效位能,以及台风与环境相互作用过程中总动能通过辐散风向低压动能的转化。黄亿等(2009)发现高层的高位涡值下传,高位涡的干冷空气加强了低层的扰动,引起低层暖空气的抬升,这些条件促使对流不稳定能量与潜热能的释放,有利于暴雨增强。除了对单个台风暴雨过程的研究外,还有学者对 1959—2012 的极端降水台风的气候特征进行研究(江漫 等,2016),针对单个台风影响过程中所造成极端降水的影响范围、降水日数和降水强度异常等指数进行逐个评估,建立了极端降水台风综合指数,统计分析了这些台风个数及强度的月际分布特征和路径特点。

1.2　东北地区台风暴雨研究进展

台风变性过程是热带气旋与中纬度环流系统相互作用的一个特殊阶段。变性的机理和变性后的演变发展机制都十分复杂。不同台风变性个例之间存在很大的差异,变性后的演变趋势也不相同,有的变性后继续减弱消亡,有的变性后再度发展增强,并造成强灾害天气(周毅 等,2012;崔着义 等,2006;朱佩君 等,2003)。变性过程常常会使台风内部中小尺度系统生消频繁,产生强对流天气。变性台风往往从斜压区获得能量,甚至再度加强,使其暴雨突然增强(陈联寿 等,1979)。东北台风暴雨产生的一个主要原因就是受此类半热带气旋系统的影响。

台风变性过程中,热带气旋从一个热带正压结构演变为一个半冷半暖的温带斜压结构,出现明显的非对称性(Harr et al.,2000;Klein et al.,2000,2002),台风中的中尺度对流分布也发生明显变化(孟智勇 等,2002)。有许多学者(Tuleya et al.,1981;Bender et al.,1985;Wu et al.,2002;Chen et al.,2003)通过数值模拟试验揭示了登陆台风降水的非对称分布特征的形成原因。当冷空气入侵台风外围时可以大幅度增加其外围及倒槽的降水,但入侵台风中心附近又会造成中心附近降水明显减少(钮学新 等,2005)。可见,变性过程中变性的机理和变性后的演变发展机制都十分复杂。尽管有研究(Sekioka,1956;Koteswaram et al.,1956)指出,台风变性发展是类似一个新的温带气旋在锋面上产生的过程,其云系结构和降水特征具有一定的相似性。但在形成机理上,与温带气旋相比,除了斜压扰动与锋面的相互作用外,还必须考虑事先存在的热带系统作用。因此,台风变性中降水变化机理更为复杂,对中国东北地区台风暴雨的认识和预报技术亟待进一步深化和提高(王东海 等,2007)。当台风东侧环流将水汽和能量输送到中高纬度槽前时,还可以导致台风远距离暴雨的发生(朱洪岩 等,2000;杨晓霞 等,2008;丛春华 等,2012)。地形及下垫面对台风暴雨也有很大影响,台风登陆后地形的抬升作用以及下垫面的拖曳效应也会使暴雨增强,甚至激发出中尺度系统,并造成降水的不对称发展(蔡则怡 等,1997;冀春晓 等,2007;钮学新 等,2005;岳彩军,2009)。李慧琳等(2015)发现鄂霍次克海阻塞高压、副热带高压强度和形状的改变及北方冷空气对台风北上路径和强度均有重要影响。北方冷空气对北上台风引起的降雨十分关键,降雨主要由台风外围螺旋雨带造成。日本海高压伸向中国东北地区的高压脊对大风的形成有重要作用,台风登陆后影响时间的长短与登陆后冷空气的配合有密切关系。

已有研究(孙建华 等,2005;孟庆涛 等,2009)指出,台风的远距离输送或台风北上与西风带系统相互作用是华北及东北地区产生大暴雨或持续性大暴雨的重要条件,最早者如1975年8月河南省由登陆台风所引发的特大暴雨(陶诗言,1980)。最近,经过了一段时间的"停息"之后,登陆或北上的台风又有增多的趋势。龚晓雪等(2007)已对向北移动影响中国的台风"麦莎"的结构、演变和能量进行了研究。台风"麦莎"登陆北移过程中,高层的无辐散风穿越等高线将位能转化为动能这一过程较台风"麦莎"整体加强早,而辐散风是低层动能的主要来源。台风"麦莎"高层把台风环流的动能向环境输送,而北美的飓风"艾格尼丝"则使环境区有大量的动能向台风环流区输送,这可能是飓风"艾格尼丝"比台风"麦莎"更强的原因,因而后者并未像飓风"艾格尼丝"那样强烈变性加强为温带气旋。此外,还应强调北方大陆小高压的作用,它位于台风"麦莎"的西北方,对台风的移动方向有一定的影响。应该注意到,这类小高压对于7203号和7503号等北上产生重大灾害的台风均有明显的影响,给预报带来不小的困难。但其具体如何影响台风的结构、路径及强度方面的机制研究并不多,今后对此应给予更多的关注(赵思雄 等,2013)。

1.3　变性台风暴雨的研究现状和业务预报中面临的科学问题

1.3.1　研究现状

东北冷涡是在中国东北地区活动的深厚冷性涡旋,通常在亚洲中高纬度阻塞形势稳定时出现,具有移动缓慢、持续时间较长等特点(陶诗言,1980;白人海 等,1992;孙力 等,2000)。东北冷涡对应低温和不稳定的阵性降水,是东北地区的主要降水系统。东北地区大约1/4的年降水量是与东北冷涡相关联的。冷涡本身更易产生局地暴雨;与热带气旋或中高纬度其他系统相互作用时,则倾向于形成区域性暴雨(梁钊明 等,2015;刘硕 等,2019;肖光梁 等,2019)。许多学者(徐红 等,2016;杨雪艳 等,2018;孙颖姝 等,2018;焦敏 等,2019)对东北冷涡的结构以及动力、热力和水汽等降水机制进行研究。王宗敏等(2015)发现东北冷涡具有非对称结构特征,冷涡的负涡度和上升运动中心分布在冷涡东南部,在冷涡东南部中层有干冷平流叠加在低层的暖湿平流上,造成对流不稳定迅速增长。魏铁鑫等(2015)对东北地区 308 例冷涡暴雨过程中的目标气块进行后向轨迹追踪模拟水汽源地,发现西太平洋及相邻海域水汽贡献最大,平均水汽贡献率达 39.8%。近年来研究更加侧重于对冷涡中尺度系统特征的诊断分析和数值模拟,用来研究中尺度系统的形成机理、触发条件及不同尺度系统之间的相互作用(任丽 等,2014;马梁臣 等,2017)。冷涡暴雨过程中常伴有干侵入特征,根据位涡的守恒性(寿绍文,2010),对流层高层低湿且高位涡的冷空气下传有利于冷涡暴雨的发生发展,暴雨强度随着干侵入强度增强而增大(刘英 等,2012;沈浩 等,2014)。

中国东北地区地处中高纬度,据统计,在东北地区出现的大范围暴雨个例中,台风的直接影响或间接影响可以占到总数的 40%(孙力 等,2010)。台风在向北移动的过程中,影响到东北地区时,多数受西风带斜压环境场的影响,由具有对称暖心结构的热带气旋逐渐演变为具有锋面斜压结构的温带气旋,这就是台风变性过程。

1215 号台风"布拉万"是 52 年来造成东北地区暴雨范围最大的一个台风,194 个观测站中有 76 个观测站出现暴雨,占 40%。同时台风"布拉万"是 52 年来造成东北地区暴雨所有台风个例中强度最强、路径最偏北的一个台风。研究表明,这次暴雨也与西北侧的干冷空气入侵及台风变性加强有关,变性期间产生的中 β 尺度对流云团是造成暴雨的直接影响系统(梁军 等,2014;孙力 等,2016;任丽 等,2013)。孙力等(2015)发现台风"布拉万"在中国东北地区造成的暴雨具有明显的非对称性,主要降水出现在台风中心的西北侧,这给降水预报增加了难度。北上登陆台风的降水出现非对称性分布,被认为主要与台风和西风带系统相互作用导致的台风变性发展或地形的抬升影响有密切关联(李英 等,2013;周玲丽 等,2011;岳彩军,2009)。因此,深入研究台风变性过程的演变发展机制具有十分重要的理论意义和实际意义。

1.3.2　业务预报中面临的科学问题

对于地处中高纬度的黑龙江省来说,主要是受变性台风活动影响产生暴雨天气的。台风影响产生的暴雨具有范围大、持续时间长、雨量大等特点,是黑龙江省大范围洪涝灾害的主要致灾因子。因此,深入研究台风减弱、变性的物理机制具有十分重要的理论价值和实际意义。这类暴雨的提前预报和预警,将为黑龙江省防灾减灾提供有力的技术支撑。前人的工作为台风暴雨研究提供了重要的科学理论依据和实践基础,而东北地区对台风暴雨的研究相对较少,特别是黑龙江省这方面的工作更为欠缺。近年来黑龙江省的台风暴雨过程有逐年增多的趋势:除了 1215 号台风"布拉万",还有 1509 号台风"灿鸿",1610 号台风"狮子山",1710 号台风"海棠",1810 号台风"安比"等,几乎每年都有台风北上给黑龙江省带来暴雨天气。因此,对台风暴雨的机理研究就显得尤为迫切。

1.4　主要研究目的和研究内容

1.4.1　研究目的

中国东北地区地处中高纬度,台风却是造成该地区大范围暴雨灾害的主要天气系统之一,据统计,在东北地区出现的大范围暴雨个例中,台风的直接影响或间接影响可以占到总数的40%(孙力 等,2010)。台风在向北移动过程中,影响东北地区时,多数受西风带斜压环境场的影响,由具有对称暖心结构的热带气旋逐渐演变为具有锋面斜压结构的温带气旋,这就是台风变性过程。对于地处中高纬度的黑龙江省来说,主要是受变性台风活动影响产生暴雨天气。台风影响产生的暴雨具有范围大、持续时间长、雨量大等特点,是黑龙江省大范围洪涝灾害的主要致灾因子。因此,深入研究台风减弱、变性的物理机制具有十分重要的理论价值和实际意义。这类暴雨的提前预报和预警,对于防灾减灾、各部门及居民提前应对将提供有力的支持。

1.4.2　研究内容

台风是生成于热带海洋的热带气旋,本身携带大量的热量和水汽,其北上登陆的过程中与西风带冷涡(冷槽)相互作用时可以造成大范围的暴雨。台风远距离间接输送水汽至西风槽(涡)和台风北上变性并入西风槽(涡)是造成大范围暴雨的两种主要形式。其中台风北上变性并入西风槽(涡)过程对双方的热动力结构产生的变化更大,而相关研究却很少。本研究使用常规观测资料、卫星云图(包括 FY-2 系列卫星资料和 FY-4A 资料)、雷达回波资料、自动气象站降水量以 0.25°×0.25°的美国国家环境预测中心和国家大气研究中心(NCEP/NCAR)再分析资料及欧洲中期天气预报中心(ECMWF)再分析资料及格点预报资料,对 2000 年以后台风变性并入西风槽(涡)过程中的热力、动力结构变化特征进行分析,并通过诊断分析初步探究其中的物理机制,总结冷空气活动与台风暴雨发生时间、落区的关系。

选取 1961—2000 年所有台风北上减弱、变性并入西风槽(涡),并给黑龙江省带来暴雨的个例,分析台风减弱变性及并入到西风槽(涡)过程中热力结构特征。通过分析温度平流、位势高度、温度场、假相当位温等物理量场的演变特征,研究台风减弱变性过程中热力结构的变化特征和台风减弱变性及并入到西风槽(涡)过程中动力结构特征。通过诊断垂直涡度及其倾向的强迫项、涡度、散度及风矢量等要素的分布变化,来诊断台风减弱变性过程中动力结构(压力结构)变化的原因,探讨斜压效应对台风环流垂直涡度的贡献。台风减弱变性及并入西风槽(涡)过程中,冷空气活动会造成干侵入、锋生等特征,总结冷空气活动与暴雨发生时间、落区的关系;台风暴雨中的不稳定机制;研究中尺度对流触发和演变过程及物理机制,认识台风暴雨的中尺度三维结构。

根据以上研究内容,本书共安排以下章节:第 1 章绪论,第 2 章黑龙江省台风暴雨统计及环流特征,第 3 章直接北上台风暴雨,第 4 章台风残涡暴雨,第 5 章台风与高空冷涡合并暴雨,第 6 章台风与高空冷涡远距离相互作用暴雨,第 7 章结论与讨论。

1.5　选用资料及研究方法和特色

1.5.1　选用资料

(1)台风路径使用中国气象局上海台风研究所整编的 1961—2020 年台风最佳路径,降水资料使用黑龙江省 83 个国家基本气象站 08 时至次日 08 时的日降水量资料。

（2）1999—2020 年由美国国家环境预测中心（NCEP）和美国国家大气研究中心（NCAR）联合制作的 Final Reanalysis Data（以下简称 NCEP FNL 再分析资料），时间分辨率为 6 h，空间分辨率为 1°×1°；NCEP/NCAR 再分析资料，时间分辨率为 6 h，空间分辨率为 0.25°×0.25°；1961—2020 年 NCEP 再分析资料，时间分辨率为 6 h，空间分辨率为 2.5°×2.5°。

（3）东北地区地面区域气象站逐 6 h 降水量，地面气象观测资料源于 2019 年 8 月黑龙江省 866 个地面气象观测站逐时降水资料。2012 年和 2019 年哈尔滨站[①]及省气象台站（同一经纬度，哈尔滨站迁站造成）逐时降水量对比。

（4）FY-2G 气象卫星反演的黑体辐射亮温（TBB），时间分辨率为 1 h，空间分辨率为 0.1°×0.1°。

1.5.2　研究方法

台风暴雨的标准：出现暴雨的站次≥1，记为一个暴雨日；台风环流影响黑龙江省期间连续出现≥1 个暴雨日，记为一次台风暴雨过程。个例选取主要依据大气环流形势和卫星云图等观测资料进行综合判断，仅包括台风路径到达 35°N 以北，台风环流直接或间接影响产生的暴雨过程。分别使用每种台风暴雨类型的暴雨站次排名最靠前的半数以上个例形势场进行算术平均，得到合成形势场。使用每一次台风暴雨过程中暴雨区各物理量平均值制作箱线图。高低空环境风速和风向垂直切变随时间演变图，是先滤除台风涡旋后再做环境风垂直切变分析。

本书计算的锋生函数，考虑到假相当位温适用于湿绝热过程，所以取假相当位温为气象参数，则锋生函数（Hoskins et al.，1972）为：

$$F=\frac{\mathrm{d}}{\mathrm{d}t}\,|\,\nabla\theta_{se}\,|=\frac{1}{|\,\nabla\theta_{se}\,|}\Big[(\nabla\theta_{se})\cdot\nabla\Big(\frac{\mathrm{d}\,\theta_{se}}{\mathrm{d}t}\Big)\Big]-\frac{1}{2}\frac{1}{|\,\nabla\theta_{se}\,|}(\nabla\theta_{se})^{2}D_{h}-$$

$$\frac{1}{2}\frac{1}{|\,\nabla\theta_{se}\,|}\Big\{\Big[\Big(\frac{\partial\theta_{se}}{\partial x}\Big)^{2}-\Big(\frac{\partial\theta_{se}}{\partial y}\Big)^{2}\Big]A_{f}+2\frac{\partial\theta_{se}}{\partial x}\frac{\partial\theta_{se}}{\partial y}B_{f}\Big\}-\frac{1}{|\,\nabla\theta_{se}\,|}\frac{\partial\theta_{se}}{\partial p}\Big(\frac{\partial\theta_{se}}{\partial x}\frac{\partial\omega}{\partial x}+\frac{\partial\theta_{se}}{\partial y}\frac{\partial\omega}{\partial y}\Big)\quad(1.1)$$

式中，锋生函数 F 单位为 K·h^{-1}·(100 km)$^{-1}$；θ_{se} 为假相当位温；$D_{h}=\frac{\partial u}{\partial x}+\frac{\partial v}{\partial y}$ 为水平散度；$A_{f}=\frac{\partial u}{\partial x}-\frac{\partial v}{\partial y}$ 为伸长形变；$B_{f}=\frac{\partial v}{\partial x}+\frac{\partial u}{\partial y}$ 为切变形变。$F>0$ 表示有锋生作用；$F<0$ 表示有锋消作用。

湿位涡（MPV）的表达式为：

$$\mathrm{MPV}=-g\Big(\frac{\partial v}{\partial x}-\frac{\partial u}{\partial y}+f\Big)\frac{\partial\theta_{se}}{\partial p}+g\Big(\frac{\partial v}{\partial p}\frac{\partial\theta_{se}}{\partial x}-\frac{\partial u}{\partial p}\frac{\partial\theta_{se}}{\partial y}\Big)\quad(1.2)$$

各边界水汽通量垂直积分计算式为 $\int_{l_1}^{l_2}\int_{300}^{p_s}\frac{1}{g}q\mathbf{V}\mathrm{d}p\mathrm{d}l$，单位为 t·s^{-1}。其中，$l_1$ 和 l_2 分别表示边界两端经度和纬度；p_s 为海平面气压。

1.5.3　研究特色

选取近 60 年黑龙江省受台风环流影响出现暴雨的 48 个台风个例，针对台风路径及不同高空影响系统进行分类研究。对台风活动规律、台风暴雨时空分布和环流形势及各物理量统计特征等进行分析。研究台风减弱变性及并入西风槽（涡）过程中，热带和中纬度天气系统的

---

① 2013 年 1 月 1 日之前为哈尔滨站，之后站名改为省气象台站。哈尔滨站代表哈尔滨气象站，下同。

热力和动力结构的变化,探索中低纬系统相互作用的机理。将常规观测资料和高分辨率的卫星、雷达观测资料相结合研究台风暴雨中的中小尺度环流特征,进一步认识台风暴雨的中尺度三维结构。针对台风暴雨的环境背景场、暴雨触发、不稳定机制,中尺度对流系统的形成和传播等独特的天气动力学特征进行了系统梳理与分析。将研究所获得的科学认识和规律用于建立台风暴雨的天气模型,用于加深对此类天气的科学认识,为提高暴雨预报准确率提供有力的保障,为灾害天气的预警提供科学依据和关键技术支持。

第 2 章　黑龙江省台风暴雨统计及环流特征

　　黑龙江省地处中国最北部,受台风影响的机会不多,平均每年不足 1 次,但近年来有增多增强的趋势。2015 年以后每年都有北上台风给黑龙江省带来暴雨天气,但多数台风北上到较高纬度已经停止编号或变性为温带气旋(任丽 等,2013,2018;梁军 等,2020),或是与西风带冷涡(槽)发生相互作用而产生暴雨(梁军 等,2019;刘硕 等,2019;任丽 等,2019)。过去对东北地区台风暴雨的研究较少,且基本停留在个例分析阶段,气候特征统计方面基本是空白。本章通过研究近 60 年(1961—2020 年)台风活动规律、台风暴雨时空分布和环流形势及各物理量统计特征等,来总结台风影响黑龙江省的气候规律。

2.1　台风暴雨气候特征

　　近 60 年来黑龙江省受台风环流影响出现暴雨的台风共 48 个,平均 1 年不足 1 个,暴雨日数为 67 d。从年份(图 2.1a)看,台风暴雨分布很不均匀,集中时段为:1963—1966 年、1984—1987 年、1993—1995 年、2010—2012 年、2015—2020 年。2010 年以后台风暴雨个数明显增多,11 年共出现 20 个,占总个数的 41.67%。

　　从暴雨以上量级降水站次逐年分布(图 2.1b)看,60 年来黑龙江省出现台风暴雨 397 站

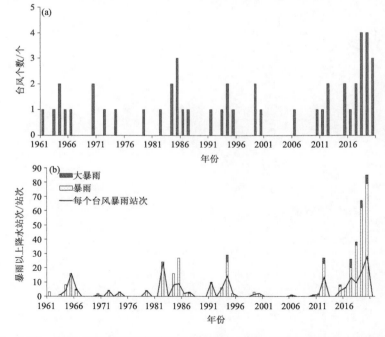

图 2.1　1961—2020 年逐年出现暴雨的台风个数(a)及逐年出现暴雨以上降水站次(b)

次,大暴雨量级的极端降水很少出现,仅出现 34 站次。使用每年每个台风暴雨站次分布代表每年台风暴雨强度,从逐年分布看,台风暴雨站次最多的峰值出现在 1965 年、1982 年、1994年、2012 年、2020 年。值得注意的是,2015 年之后逐年递增,2020 年强度最大,平均每个台风造成暴雨 28.3 站次。1982 年次之,平均每个台风造成暴雨 24 站次。

从时间分布(图 2.2a)看,黑龙江省出现台风暴雨的时段是 6 月下旬至 9 月中旬;从生命史看,最强强度均是热带风暴以上级别,其中台风以上强度为 38 个,占 79.17%,又以超强台风(19 个,39.58%)个数最多。8 月下旬以后,超强台风的比例迅速上升,9 月中旬能给黑龙江带来暴雨的台风均是超强台风。台风暴雨站次最多的时间是 7 月下旬至 9 月上旬,基本与台风个数成正比(图 2.2b)。9 月上旬台风个数不多,仅为 4 个,却出现暴雨 85 站次,仅次于 8 月下旬(96 站次)和 8 月上旬(91 站次)。因此,要足够重视 9 月上旬给黑龙江省带来暴雨的台风。

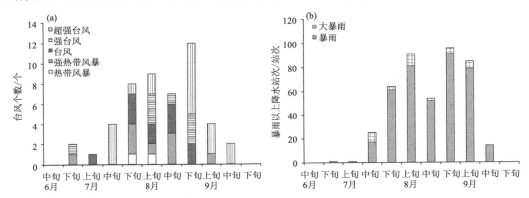

图 2.2 1961—2020 年 48 个暴雨过程台风逐旬分布(a)及出现暴雨以上降水站次逐旬分布(b)

从空间分布(图 2.3)看,黑龙江省受台风影响出现暴雨的次数自东南向西北递减,西北部的大兴安岭地区从未受到台风暴雨以上量级降水影响。中东部地区受台风影响出现暴雨的次数较多(>5 次)。出现台风暴雨次数较多的站点多数与地形有关:松嫩平原北部和东部向山

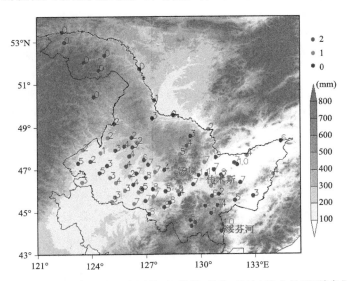

图 2.3 黑龙江省 83 个国家基本气象站出现台风暴雨(数值,单位:站次)和大暴雨(填色圆点,单位:站次)次数

区过渡地区及小兴安岭和长白山脉北侧的迎风坡易发生台风暴雨。绥芬河站位于长白山脉北侧东麓,出现暴雨以上量级降水 12 次,其中,大暴雨 2 次;其次是佳木斯和汤原站位于三江平原西南侧,受喇叭口地形影响,出现台风暴雨 11 次。

2.2 台风暴雨分型

将 48 个台风暴雨过程的高空环流形势分为 3 型 8 类(图 2.4)。台风环流暴雨 A、台风和冷涡(槽)相互作用暴雨 B 及冷涡(槽)暴雨 C。

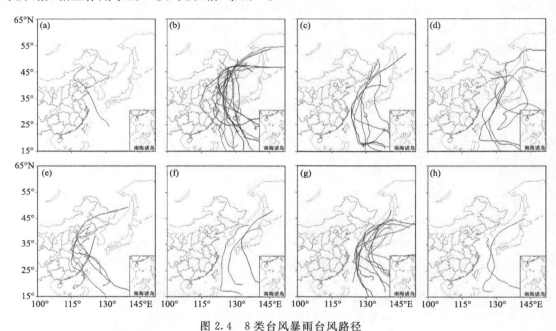

图 2.4 8 类台风暴雨台风路径
A-Ⅰ(a),A-Ⅱ(b),A-Ⅲ(c),B-Ⅰ(d),B-Ⅱ(e),B-Ⅲ(f),C-Ⅰ(g),C-Ⅱ(h)

台风环流暴雨是指主要受台风环流影响产生的暴雨过程,包括台风、变性台风及台风残涡。分为 3 类:由内蒙古移入的西路类(A-Ⅰ)只出现过 1 个台风,出现在 1974 年 8 月 30 日,造成 3 站次暴雨(表 2.1)。由吉林移入的中路类(A-Ⅱ),有过 16 个台风,出现在 7 月末至 9 月上旬,时间最早在 7 月 30 日(1964 年),最晚在 9 月 8 日(2020 年),平均每个台风会带来暴雨以上量级降水 13.2 站次。移经俄罗斯远东地区北上的东路类(A-Ⅲ),出现过 6 个台风,时间跨度从 7 月 16 日(1987 年)到 9 月 18 日(2012 年),平均每个台风会带来暴雨以上量级降水 4.3 站次。

台风和冷涡(槽)相互作用暴雨是指冷涡(槽)系统位于东北地区,台风与冷涡(槽)合并加强或相距 10 个经距以内,两者有明显的相互作用。分为 3 类:台风和冷涡相互作用类(B-Ⅰ)出现过 5 个台风,时间跨度大,从 6 月 21 日(1963 年)到 8 月 31 日(2016 年),平均每个台风会带来暴雨以上量级降水 6 站次。台风减弱并入高空槽类(B-Ⅱ)出现过 5 个台风,时间分布在 7 月 12 日(2015 年)到 8 月 20 日(2018 年),平均每个台风会带来暴雨以上量级降水 13.6 站次。台风和冷槽相互作用类(B-Ⅲ)出现过 3 个台风,时间分布在 7 月 4 日(2018 年)到 8 月 21 日(1970 年),平均每个台风会带来暴雨以上量级降水 3.7 站次。

　　冷涡(槽)暴雨是指降水主体为冷涡(槽)，台风与降水系统相距较远，通常在 15 个经距以上，台风为暴雨提供水汽输送。分为 2 类：冷涡类(C-Ⅰ)出现过 10 个台风，时间分布在 7 月 11 日(2006 年)到 9 月 16 日(2000 年)，平均每个台风会带来暴雨以上量级降水 7.9 站次。浅槽类(C-Ⅱ)出现过 2 个台风，集中出现在 7 月 25 日(1995 年)到 7 月 27 日(1999 年)，平均每个台风会带来暴雨以上量级降水 2 站次。

　　可见，能给黑龙江省带来较大范围暴雨(平均每个台风暴雨过程暴雨以上量级降水＞4 站次)的环流形势依次为 B-Ⅱ、A-Ⅱ、C-Ⅰ、B-Ⅰ、A-Ⅲ。而 A-Ⅱ和 C-Ⅰ两种环流形势出现的台风个数最多。

表 2.1　不同环流类型台风暴雨的基本特征

环流分型	台风个数/个	每个台风平均暴雨以上站次/站次	暴雨日 1 d/2 d/≥3 d 台风个数/个	最早出现时间	最晚出现时间
A-Ⅰ	1	3	1/0/0	8 月 30 日(1974 年)	8 月 30 日(1974 年)
A-Ⅱ	16	13.2	10/5/1	7 月 30 日(1964 年)	9 月 8 日(2020 年)
A-Ⅲ	6	4.3	3/3/0	7 月 16 日(1987 年)	9 月 18 日(2012 年)
B-Ⅰ	5	6	2/2/1	6 月 21 日(1963 年)	8 月 31 日(2016 年)
B-Ⅱ	5	13.6	3/2/0	7 月 12 日(2015 年)	8 月 20 日(2018 年)
B-Ⅲ	3	3.7	3/3/0	7 月 4 日(2018 年)	8 月 21 日(1970 年)
C-Ⅰ	10	7.9	7/2/1	7 月 11 日(2006 年)	9 月 16 日(2000 年)
C-Ⅱ	2	2	1/0/0	7 月 25 日(1995 年)	7 月 27 日(1999 年)

　　表 2.2 为暴雨以上量级站次最多的前 18 个台风暴雨过程，A-Ⅱ类 9 次，A-Ⅲ类 1 次，B-Ⅰ类 1 次，B-Ⅱ类 3 次，C-Ⅰ类 4 次。造成大范围暴雨的台风以 A-Ⅱ类最多，暴雨以上降水站次最多的台风是 2009 号台风"美莎克"，为 42 站次。1908 号台风"范斯高"造成的单日降水量最大，为 170.4 mm。B 型和 C 型暴雨过程有较强冷空气参与，对流活跃，通常雨强较大，单日降水量＞120 mm 的台风暴雨过程多数为这两种类型。而 A 型暴雨过程以台风环流降水为主，多为稳定性降雨，以降水持续时间长、对流弱为主要特点。

表 2.2　暴雨站次排名前 18 位的台风暴雨过程概况

排序	台风编号及强度	暴雨过程时间	暴雨以上站次/站次	最大日降水量/mm	环流分型
1	2009 超强台风	2020 年 9 月 3—4 日	42	108.4	A-Ⅱ
2	1810 强热带风暴	2018 年 7 月 24—25 日	25	130.8	B-Ⅱ
3	8213 超强台风	1982 年 8 月 27—28 日	24	82	A-Ⅱ
4	1908 强台风	2019 年 8 月 6—10 日	22	170.4	C-Ⅰ
5	2008 强台风	2020 年 8 月 27—29 日	22	84.1	A-Ⅱ
6	1710 热带风暴	2017 年 8 月 3 日	21	150.9	B-Ⅱ
7	2010 超强台风	2020 年 9 月 7—8 日	21	147.8	A-Ⅱ
8	1913 超强台风	2019 年 9 月 7 日	19	96.4	A-Ⅱ

排序	台风编号及强度	暴雨过程时间	暴雨以上站次/站次	最大日降水量/mm	环流分型
9	1910 强热带风暴	2019 年 8 月 15—16 日	17	123.2	C-Ⅰ
10	9406 超强台风	1994 年 7 月 13 日	16	134.6	B-Ⅱ
11	8508 强热带风暴	1985 年 8 月 14 日	16	99	A-Ⅱ
12	6515 超强台风	1965 年 8 月 6—7 日	16	98.4	B-Ⅰ
13	1215 超强台风	2012 年 8 月 28—29 日	15	108.5	A-Ⅱ
14	9415 台风	1994 年 8 月 16 日	13	85.9	A-Ⅱ
15	8407 强热带风暴	1984 年 8 月 10 日	12	96.3	A-Ⅱ
16	1216 超强台风	2012 年 9 月 17—18 日	12	74.5	A-Ⅲ
17	1819 强台风	2018 年 8 月 24 日	11	93.8	C-Ⅰ
18	9109 台风	1991 年 7 月 30 日	10	113	C-Ⅰ

2.3　不同类型台风暴雨环流形势特征

下面对暴雨影响最大的 A-Ⅱ、A-Ⅲ、B-Ⅰ、B-Ⅱ 和 C-Ⅰ 5 类台风暴雨过程的 500 hPa 环流形势场进行合成分析,来研究每一类台风暴雨的环流形势特点。

台风环流暴雨型中台风由吉林移入黑龙江的 A-Ⅱ 类,高空环流形势场合成后如图 2.5a 所示,副热带高压呈块状,位置最偏北。副热带高压北界到达本州岛,西界近南北向,西侧的偏南气流引导台风北上,台风多数近海北上(图 2.4b),在辽东半岛到朝鲜半岛一带登陆,由吉林移入黑龙江。台风北上到东北地区后,台风中心在 500 hPa 上依然有闭合的环流线,表明台风维持较大的强度。高纬度环流较为平直,在贝加尔湖附近有短波槽引导冷空气南下,促使台风北上变性,通常给黑龙江带来大范围的暴雨天气。

台风环流暴雨型中移经俄罗斯远东地区北上的 A-Ⅲ 类,高空环流形势场合成后如图 2.5b 所示,副热带高压位置偏东,位于西太平洋上,黑龙江大兴安岭以北地区有冷涡活动,台风移经日本海北上(图 2.4c)减弱为高空槽,通常给黑龙江东部地区带来暴雨。

台风和冷涡相互作用形成暴雨的 B-Ⅰ 类,高空环流形势场合成后如图 2.5c 所示,西太平洋到鄂霍次克海为强大稳定的暖高压脊,东北地区南部为强大稳定的冷涡。台风沿日本海北上(图 2.4d),多数到 40°N 向西转向,与冷涡互旋发生藤原效应,有的台风与冷涡合并,有的东移北上,通常给黑龙江东部地区带来暴雨。

台风减弱并入高空槽的 B-Ⅱ 类,高空环流形势场合成后如图 2.5d 所示,副热带高压位置最偏西,向西伸展到黄海和朝鲜半岛,副热带高压西侧的华北到内蒙古一带为高空槽。多数台风在华南到华东一带登陆后,在内陆北上迅速减弱并入高空槽中。黑龙江大兴安岭地区为浅槽,向南输送冷空气,与华北高空槽向北输送的暖湿空气交绥,加剧了降水强度(表 2.2)。此类台风暴雨通常给黑龙江带来大范围的暴雨天气。

冷涡暴雨 C-Ⅰ 类,降水主体为冷涡。高空环流形势场合成后如图 2.5e 所示,副热带高压位于日本岛东南侧,冷涡位于内蒙古中东部,台风沿副热带高压西侧北上到日本海向东转向(图 2.4g),在 500 hPa 上表现为冷涡向日本海伸出的浅槽,沿冷涡旋转减弱消失。台风与降水系统相距较远,通常在 15 个经距以上,台风为降水系统提供水汽输送。此类暴雨过程有较强冷空气参与,对流活跃,通常雨强较大。

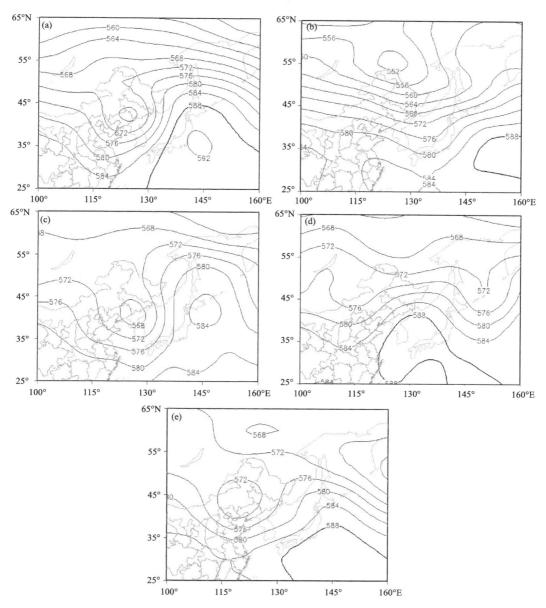

图 2.5　5 类台风暴雨过程 500 hPa 合成位势高度(单位:dagpm)
A-Ⅱ(a),A-Ⅲ(b),B-Ⅰ(c),B-Ⅱ(d),C-Ⅰ(e)

　　对上面 5 类台风暴雨过程的 850 hPa 环流形势场进行合成分析,来寻找每一类过程低空环流形势及水汽输送特征。

　　台风环流暴雨型中的台风由吉林移入黑龙江的 A-Ⅱ类(图 2.6a)和移经俄罗斯远东地区北上的 A-Ⅲ类(图 2.6b),这两类暴雨过程台风维持较大强度,低层有完整且较强的闭合环流:850 hPa 上有 2～3 根闭合等高线,中心最低位势高度达到 132 dagpm。这两类过程均是由偏南转偏东气流

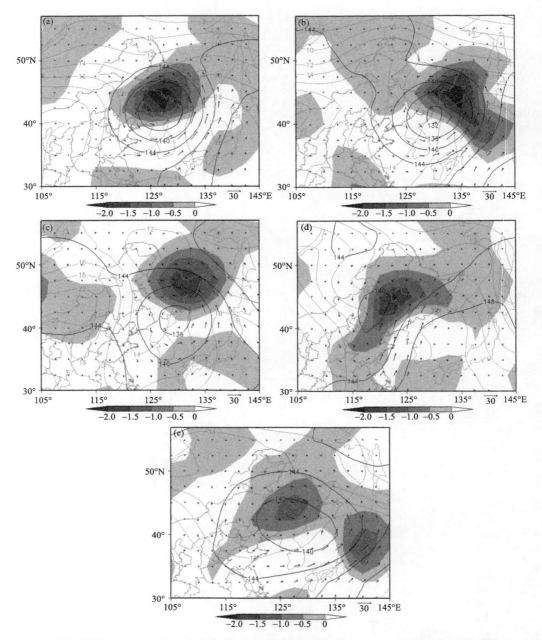

图 2.6　5 类台风暴雨过程 850 hPa 位势高度（黑色等值线，单位：dagpm）、温度（灰色等值线，单位：℃）、水汽通量（箭矢；单位：g·s^{-1}·cm^{-1}·hPa^{-1}）和水汽通量散度（阴影；单位：10^{-7} g·s^{-1}·cm^{-2}·hPa^{-1}）合成 A-Ⅱ(a)，A-Ⅲ(b)，B-Ⅰ(c)，B-Ⅱ(d)，C-Ⅰ(e)

将日本海水汽向黑龙江省上空输送，水汽输送带上的通量大值中心＞35 g·s^{-1}·cm^{-1}·hPa^{-1}；位于黑龙江的辐合中心强度＜−2×10^{-7} g·s^{-1}·cm^{-2}·hPa^{-1}。这两类暴雨过程的水汽输送和水汽辐合是所有过程中最强的。低涡东侧为暖气团，暖中心强度＞18 ℃；西北侧有冷空气活动，到达低涡环流的冷空气强度＜14 ℃。两类过程的不同之处在于：A-Ⅱ类低涡强度更大，涡中心位于吉林东部,水汽输送带上的通量大值中心位于海陆交界,低层强水汽辐合区位于黑龙江中部;A-Ⅲ类,水汽输送带上的输送大值区及低层水汽辐合区更偏东。涡中心位于朝鲜东北部与日本海交界附近,水汽输送带上的通量大值中心位于日本海上,低层强水汽辐合区位于黑龙江东部,西北侧冷空气更强。

台风和冷涡相互作用形成暴雨的 B-Ⅰ 类(图 2.6c),低涡位置与 A-Ⅲ类相近,只是强度偏弱,低涡北侧有偏东气流将日本海上水汽向黑龙江输送,水汽输送带上的通量大值中心位于俄罗斯远东地区上空,达 25 g·s^{-1}·cm^{-1}·hPa^{-1},低层强水汽辐合区位于黑龙江中东部,辐合中心强度<-1.5×10^{-7} g·s^{-1}·cm^{-2}·hPa^{-1}。低涡东侧为暖气团,暖中心强度>18 ℃;西北侧有冷空气活动,冷中心强度<12 ℃。

台风减弱并入高空槽的 B-Ⅱ 类(图 2.6d),东北到华东地区为槽区,在内蒙古到辽宁一带形成低涡,有偏南气流将黄渤海上水汽向北输送,水汽输送带上的通量大值中心位于辽宁和吉林上空,达 25 g·s^{-1}·cm^{-1}·hPa^{-1},低层强水汽辐合区位于吉林西部,黑龙江西南部辐合强度<-1.5×10^{-7} g·s^{-1}·cm^{-2}·hPa^{-1}。槽前暖气团强度>20 ℃;低涡西北侧有 16 ℃的冷空气活动。

冷涡暴雨 C-Ⅰ 类(图 2.6e),降水主体为冷涡,冷涡范围较大,占据整个东北地区,南至华东地区,东至日本岛。冷涡北侧有偏东气流将日本海上水汽向西输送,水汽通量普遍<10 g·s^{-1}·cm^{-1}·hPa^{-1},低层强水汽辐合区位于吉林中部到黑龙江中南部,辐合强度<-1×10^{-7} g·s^{-1}·cm^{-2}·hPa^{-1}。冷涡东侧为暖气团,暖中心强度>20 ℃;西北侧有冷空气活动,冷中心强度<14 ℃。

2.4　物理量特征

计算所有个例降水初始时刻 850 hPa 假相当位温、比湿和锋生函数,降水最大时段850 hPa水汽通量、925 hPa 水汽通量散度、700 hPa 垂直速度和涡度、925 hPa 和 300 hPa 散度及 850 hPa 锋生函数,来统计全部个例及 5 类典型台风暴雨的物理量特征。

台风北上能给黑龙江带来暴雨的热力和水汽条件,850 hPa 假相当位温平均会达到336.5 K(图 2.7a),比湿达到 11.6 g·kg^{-1}(图 2.7b)。其中,B-Ⅱ类和 A-Ⅱ类个例θ_{se}和比湿的均值最大,θ_{se}均值分别为 342 K 和 340.7 K,比湿均值分别为 13 g·kg^{-1}和 12.4 g·kg^{-1}。A-Ⅲ类平均θ_{se}和比湿最小,分别为 326.3 K 和 9.7 g·kg^{-1}。

到达黑龙江省的 850 hPa 水汽通量平均可达 15.1 g·s^{-1}·cm^{-1}·hPa^{-1}(图 2.7c);暴雨区 925 hPa 水汽通量散度平均为-2.3×10^{-7} g·s^{-1}·cm^{-2}·hPa^{-1}(图 2.7d)。A-Ⅱ、B-Ⅰ 和B-Ⅱ类超过平均值,其中 A-Ⅱ类个例的水汽输送和辐合最强,远高于其他类型个例,850 hPa水汽通量平均为 19.5 g·s^{-1}·cm^{-1}·hPa^{-1};暴雨区 925 hPa 水汽通量散度平均为-3.3×10^{-7} g·s^{-1}·cm^{-2}·hPa^{-1}。

台风北上到较高纬度给黑龙江带来暴雨时,暴雨区对流层中下层均为正涡度,700 hPa 正涡度平均为 3.8×10^{-5} s^{-1},A-Ⅱ、A-Ⅲ和 B-Ⅱ类暴雨过程超过平均值(图 2.8a)。A-Ⅱ类是台风由吉林移入黑龙江的过程中逐渐变性加强,平均涡度最大,达到 5.3×10^{-5} s^{-1}。暴雨发生时,暴雨区低层辐合与高层辐散量级相当,辐合强度略大于辐散;925 hPa 辐合平均为-1.7×10^{-5} s^{-1},300 hPa 辐散平均为 1.3×10^{-5} s^{-1}。各类型暴雨高层辐散相差不大,离散度较小。A-Ⅱ类

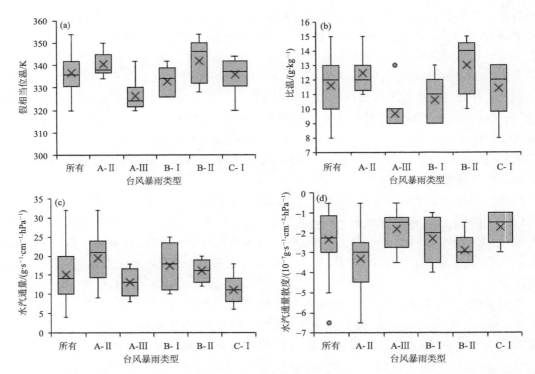

图 2.7　所有个例及 5 类台风暴雨过程 850 hPa 假相当位温（a，单位：K）、比湿（b，单位：g·kg⁻¹）和水汽通量（c，单位：g·s⁻¹·cm⁻¹·hPa⁻¹）、925 hPa 水汽通量散度（d，单位：10⁻⁷ g·s⁻¹·cm⁻²·hPa⁻¹）的箱线图

低层辐合最强，平均可达-2.3×10^{-5} s⁻¹。台风暴雨发生时一般最大上升速度出现在中下层，所以选取 700 hPa 垂直速度作箱线图（图 2.8b），可见，平均垂直速度为-0.29 Pa·s⁻¹，A-Ⅱ类平均垂直速度最大可达-0.39 Pa·s⁻¹。

　　台风影响黑龙江时总是伴随着低层锋生，850 hPa 锋生强度平均为 1.1 K·h⁻¹·(100 km)⁻¹，A-Ⅱ类最大可达 1.6 K·h⁻¹·(100 km)⁻¹（图 2.8c）。最小的是 C-Ⅰ类冷涡暴雨，锋生强度只有 0.5 K·h⁻¹·(100 km)⁻¹，说明此类暴雨与锋生关系不大。

　　综上可见，从产生暴雨的热力、动力和水汽条件看，A-Ⅱ类台风暴雨的各个物理量特征最突出（θ_{se} 和比湿略小于 B-Ⅱ类），18 次大范围暴雨过程中有 9 次暴雨以上量级超过 10 站次，范围最大的台风暴雨过程（2009 号台风"美莎克"）正是 A-Ⅱ类。B-Ⅱ类台风暴雨过程的暖湿空气湿度最大，尽管动力条件稍差，也足以造成大范围的暴雨天气，所以会成为平均单个过程出现暴雨以上站次最多的类型。

2.5　小结和讨论

　　（1）黑龙江省台风暴雨年度分布不均，2010 年以后造成暴雨的台风个数呈增多趋势，2015年之后台风暴雨强度持续增大，2020 年达到最强。黑龙江省台风暴雨站次最多的时段是 7 月下旬至 9 月上旬。影响黑龙江省的台风强度均是热带风暴以上级，又以超强台风个数最多。从空间分布看，黑龙江省受台风影响出现暴雨的次数自东南向西北递减，暴雨次数多的站点一般与地形有关。

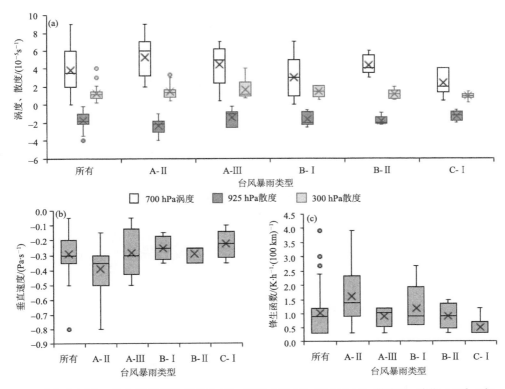

图 2.8　所有个例及 5 类台风暴雨过程 700 hPa 涡度、925 hPa 和 300 hPa 散度(a,单位:10^{-5} s^{-1}),
700 hPa 垂直速度(b,单位:Pa·s^{-1}),850 hPa 锋生函数(c,单位:K·h^{-1}·(100 km)$^{-1}$)

(2)将台风暴雨过程的高空环流形势分为 3 型 8 类,A 型暴雨过程以台风环流降水为主,多数为稳定性降雨,以降水持续时间长、对流弱为主要特点,B 型和 C 型暴雨过程有较强冷空气参与,对流活跃,通常雨强较大。给黑龙江省带来较大范围暴雨的环流形势为 B-Ⅱ、A-Ⅱ、C-Ⅰ、B-Ⅰ、A-Ⅲ。而 A-Ⅱ 和 C-Ⅰ 两种环流形势出现的台风个数最多。

(3)黑龙江省台风暴雨过程低空均有低涡活动,低涡东侧为暖湿气团,西北侧有冷空气活动;水汽主要来自日本海和黄渤海;低层辐合中心与暴雨区有较好的对应关系。从产生暴雨的热力、动力和水汽条件看,A-Ⅱ 类台风暴雨的各个物理量特征最突出(θ_{se} 和比湿略小于 B-Ⅱ 类);B-Ⅱ 类台风暴雨过程的暖湿空气湿度最大,尽管动力条件稍差,也足以造成大范围的暴雨天气,成为平均单个过程出现暴雨以上站次最多的类型。

第3章 直接北上台风暴雨

尽管每年均有北上台风给黑龙江省带来强降水天气,但多数台风北上到高纬度已经停止编号或变性为温带气旋(王承伟 等,2017;任丽 等,2018)。2000 年以后台风登陆北上到黑龙江省依然编号的前两个:1215 号台风"布拉万"(任丽 等,2013;孙力 等,2015)和 1913 号台风"玲玲"。两个台风移至黑龙江省时均为热带风暴,且移动路径相似,最大日降水量均出现在哈尔滨市,台风"布拉万"带来 150 mm 的极端日降水,台风"玲玲"带来 103.5 mm 的日降水。移经黑龙江省时台风"玲玲"强度大于台风"布拉万",然而,台风"布拉万"的风雨影响比台风"玲玲"强。为了探究两次过程中导致降水差异的物理过程,本章使用多种资料对这两次台风暴雨过程进行对比分析。

3.1 台风概况与雨情

1215 号台风"布拉万"和 1913 号台风"玲玲"均是在朝鲜登陆后一路向北移动且正面袭击黑龙江省,并带来暴雨大风天气的超强台风(图 3.1)。台风"布拉万"生成于西北太平洋洋面上,向西北方向移动的过程中不断加强为超强台风,以强台风级别移入东海海面后逐渐减弱,在朝鲜登陆时为强热带风暴级(近中心最大风速为 28 m·s^{-1})。台风"玲玲"在菲律宾以东洋面上生成,生成位置较"布拉万"更偏东,一路沿中国近海北上并不断加强为超强台风,以超强台风级别加速移入东海海面,移至黄海后强度逐渐减弱,移速不断增大。在朝鲜登陆时为台风级(近中心最大风速为 38 m·s^{-1})。

两个台风移至黑龙江省均减弱为热带风暴级(近中心最大风速为 20 m·s^{-1}),移经黑龙江省时台风"玲玲"强度大于台风"布拉万",但台风"布拉万"的风雨影响比台风"玲玲"强(图 3.1b,c)。从台风移动路径看(图 3.1a),台风"布拉万"登陆点比台风"玲玲"更偏西,移经黑龙江省过程中,位置更偏西,所以暴雨区更偏西。台风"玲玲"移速更快,台风"布拉万"穿过黑龙江省用时 12 h,而台风"玲玲"仅用 8 h。由于"布拉万"移动慢,降水持续时间长,造成的降水范围和强度更大。

受台风"布拉万"北上影响,2012 年 8 月 28 日 14 时—29 日 20 时东北地区中东部普降暴雨,中部为大暴雨带。黑龙江省降水中心位于哈尔滨市,29 日降水量为 150 mm,为 1961 年以来的最大单日降水量。哈尔滨站逐时降水量(图 3.2a)显示,降水持续时间长(17 h),分布较为均匀,最大雨强为 26.9 mm·h^{-1}(29 日 05 时)。哈尔滨站离台风中心较近,在台风移近的过程中地面气压大幅度下降,从 00 时的 999 hPa 持续下降到 08 时的 988 hPa,8 h 变压达-11 hPa。风力较大,平均风力为 5 级,最大阵风达 7 级。

受台风"玲玲"北上影响,2019 年 9 月 7 日 14 时—8 日 20 时东北中东部偏北地区普降暴雨,个别站点降大暴雨。省气象台站(H0005)逐时降水量(图 3.2b)显示,降水持续时间短

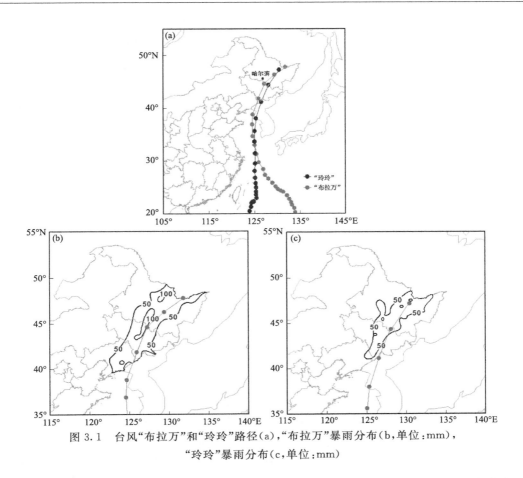

图 3.1　台风"布拉万"和"玲玲"路径(a),"布拉万"暴雨分布(b,单位:mm),
"玲玲"暴雨分布(c,单位:mm)

(12 h),分布不均匀,呈单峰分布,最大雨强为 30.5 mm·h^{-1}(8 日 01 时),日累计降水量为
103.5 mm。该站离台风中心较近,在台风移近的过程中地面气压大幅度下降,从 7 日 17 时的
988 hPa 持续下降到 8 日 03 时的 975 hPa,10 h 变压达 -13 hPa。风力不大,平均风力 3～4
级,最大阵风达 6 级。

尽管台风"玲玲"登陆及移经黑龙江省时强度更大,但由于其移动速度更快,相应地,降水
持续时间较短,造成的降水范围小,对流降水局地性更强。

3.2　大尺度环流背景场

两个台风移入东北地区后,200 hPa 上均有高空西南风急流,并于强降水开始移至高空急
流入口区右侧,此处有利于上升运动发展和对流加强。只是台风"玲玲"高空急流宽度和强度
大于台风"布拉万";高空强辐散区与台风中心的相对位置不同,即高空强辐散区位于台风"玲
玲"中心附近,而位于台风"布拉万"中心西北侧(图 3.3a,d)。

500 hPa 上,副热带高压(以下简称副高)位置均是异常偏北,588 dagpm 线北界超过
40°N,与高纬度暖高压脊同位相叠加,形成高压坝,副高西侧偏南气流引导台风北上。台风携
带暖湿空气北上,在温度场上表现为暖脊。2012 年 8 月 29 日 02 时靠近黑龙江省的外兴安岭
地区有短波槽活动,槽后西北气流携带冷空气南下靠近台风"布拉万",使其逐渐变性

（图 3.3b）。2019 年 9 月 7 日 20 时贝加尔湖附近为稳定少动的冷涡,低温中心强度为－28 ℃,其东南侧的锋区位于蒙古国东侧,与北上的台风"玲玲"相距较远,仅有弱冷空气扩散南下,台风"玲玲"北上过程中变性慢、移动快,移经黑龙江省时维持热带风暴级别(图 3.3e)。

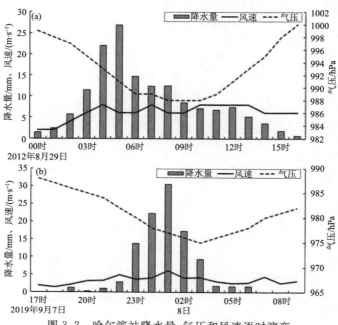

图 3.2　哈尔滨站降水量、气压和风速逐时演变
台风"布拉万"哈尔滨站(a),台风"玲玲"省气象台站(b)

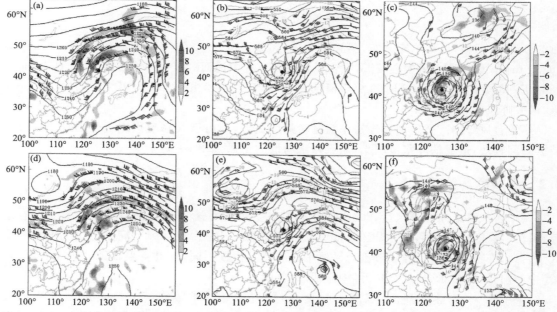

图 3.3　台风"布拉万"和"玲玲"高空形势位势高度场(黑色实线,单位:dagpm)、温度场(灰色虚线,单位:℃)、
水平风场(风羽,单位:m·s⁻¹)和散度场(阴影,单位:10⁻⁵ s⁻¹)(黑色圆点表示台风中心位置)
台风"布拉万"200 hPa(a),500 hPa(b),850 hPa(c);台风"玲玲"200 hPa(d),500 hPa(e),850 hPa(f)

　　850 hPa 上,两个台风的东侧和北侧均有偏南和偏东低空急流将黄海和日本海上的水汽向东北地区输送,分别在台风北侧倒槽及其中心辐合抬升形成暴雨。2012 年 8 月 29 日 02 时俄罗斯远东地区 60°N 附近为低涡,涡底部冷槽引导冷空气南下在黑龙江省西北部形成锋区。大兴安岭地区到内蒙古东部为温度槽,南下的冷空气逐渐靠近台风环流,发生相互作用,有利于暴雨的维持、加强和台风变性(图 3.3c)。2019 年 9 月 7 日 20 时贝加尔湖附近的冷涡与台风之间为暖温度脊,阻隔了北方冷空气与"玲玲"外围云系的联系,台风变性慢(图 3.3f)。"布拉万"低层辐合和高层辐散中心,及强降水区均位于台风中心北侧,而"玲玲"低层辐合和高层辐散中心,及强降水区均位于台风中心附近。

3.3　热力、动力结构及不稳定特征对比

　　两个台风在北上至中高纬度地区后,与西风带冷槽(涡)发生相互作用逐渐变性,下面分析两个台风的变性过程和低层锋生的差异,以及对降水的影响。

　　分析台风"布拉万"影响期间相当位温(θ_e)和风场分布可知,2012 年 8 月 28 日 20 时(图 3.4a),台风即将登陆时,台风中心与 352 K 暖中心重合,暖中心与北侧南下冷空气之间的等 θ_e 线逐渐密集,在台风西北侧形成锋区,有较强的锋生作用,台风开始变性。29 日 02 时(图 3.4b),暖

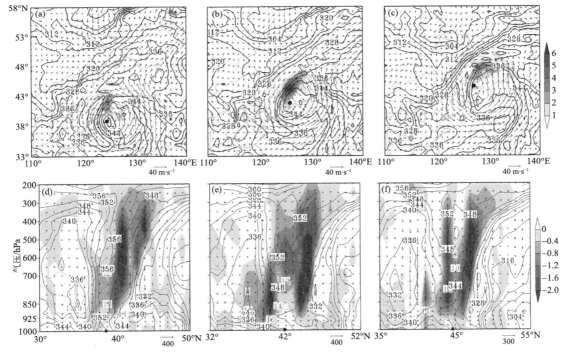

图 3.4　台风"布拉万"各物理量场平面和剖面

2012 年 8 月 28 日 20 时(a,d)、29 日 02 时(b,e)、08 时(c,f) 850 hPa 相当位温(实线,单位:K)、锋生函数(阴影,单位:K · h^{-1} · (100 km)$^{-1}$)、水平风场(箭矢,单位:m · s^{-1})(a,b,c)以及沿台风"布拉万"中心的垂直速度(阴影,单位:Pa · s^{-1})、相当位温(实线,单位:K)、比湿(灰色虚线,单位:g · kg^{-1})和 v-ω (ω 放大 100 倍)[①]的垂直剖面(d,e,f)

---

　　① 　v 代表水平风的速度,单位:m · s^{-1};ω 代表垂直风的速度,单位:Pa · s^{-1}。下同。

气团随台风北上,强度减小到 344 K,随着冷槽南下的冷空气加强,且与台风距离更近,台风中心西北侧等 θ_e 线更加密集,锋生作用更强。此处为暖气团推动冷气团北移,暖空气沿锋面爬升,表现为暖锋特征。冷空气逆时针卷入台风西南部,推动暖空气移动,表现为冷锋特征。吉林和黑龙江南部受暖锋锋生作用出现强降水。29 日 08 时(图 3.4c)暖中心强度减弱到 340 K,与台风中心逐渐分离,台风西侧和北侧锋区维持,锋生作用减小。哈尔滨持续受暖锋影响,29 日 03—08 时连续 6 h 雨强大于 10 mm·h^{-1},最大为 26.9 mm(29 日 05 时)。

过台风中心做相当位温、垂直速度和垂直流场的垂直剖面,发现 28 日 20 时(图 3.4d)台风登陆前,台风中心为暖心结构,湿层深厚,与两侧冷气团间有锋区存在。从高层向下伸展到 700 hPa 的暖舌达 356 K,与北侧冷气团形成高空锋区。暖湿空气在北侧锋区上有强烈抬升,对流旺盛,为强降水区。台风南侧锋区低层的上升运动受高空下沉运动抑制,表现为结构松散的云系。29 日 02 时(图 3.4e)台风移入内陆,其中心暖气团强度减弱到 352 K,有冷空气从西北侧低层侵入。台风北侧冷气团加强到 312 K,促使高空锋区加强,并向低层发展。锋区上的上升运动增强,并扩展到整个对流层,最大上升速度出现在 700 hPa,达 2.8 Pa·s^{-1}。台风北侧锋区加强,最强达到 13 K·(100 km)$^{-1}$,锋生作用促使对流持续发展,强降水区移入黑龙江省。08 时(图 3.4f)台风中心暖气团强度继续减弱,大气稳定度减小。高纬度冷空气加强到 304 K,北侧锋区增强更加向北倾斜并靠近台风中心,强上升运动区移至 44°N,伴有深厚的湿层,对流活跃造成强降水。之后随着台风的继续北上,低层比湿逐渐减小,强降水的范围和强度也减小。

2019 年 9 月 7 日 20 时(图 3.5a),中俄交界附近有等 θ_e 线异常密集的冷锋锋区,锋区北侧冷空气低于 304 K,与台风相距 10 个纬度以上。扩散南下的冷空气(332 K)靠近台风外围,与台风暖气团之间的等 θ_e 线逐渐密集形成锋区,台风中心北侧锋区上有弱锋生作用。9 月 8 日 02—08 时(图 3.5b,c)台风快速北上至黑龙江省,与冷锋锋区间距减小,扩散南下的冷空气强度增大到 324 K,持续锋生作用使台风北侧锋区加强,最强达到 10 K·(100 km)$^{-1}$,具有暖锋特征。台风西南侧锋区具有冷锋特征。暖锋锋区上对流活跃,与强降水区相对应。垂直剖面图上,9 月 7 日 20 时(图 3.5d)台风中心为暖心结构,暖舌从对流层高层向下伸展至 700 hPa,700 hPa 以下为对流不稳定。台风中心附近有强上升运动区,最大上升速度出现在 600 hPa,达 2.8 Pa·s^{-1}。台风"玲玲"中心湿层更加深厚,且低层具有更大的比湿,此处对流旺盛。8 日 02 时(图 3.5e)台风中心及其南侧中高层出现了下沉气流,抑制对流发展,云系结构开始变得松散。台风中心北侧形成高空锋区,锋区上对应强上升运动,与深厚的湿区配合,产生强降水。8 日 08 时(图 3.5f)台风中心及南侧转为下沉运动,云系消散。北侧高空锋区加强,并向低层发展,强降水区仅出现在北侧。在台风北上过程中,台风中心始终有暖舌从高层向下伸展,且低层没有冷空气侵入。

综上可知,黑龙江省两次台风暴雨过程均与中尺度锋生有关。较强冷空气从台风"布拉万"西北侧中高层下沉,并从低层侵入台风中心,台风北侧锋区随高度向北倾斜,导致强烈锋生,锋区与深厚的上升运动区相对应,形成中尺度对流区,降水强度大。台风"布拉万"北上过程中有较强冷空气的侵入,变性快、移动缓慢(移动速度为 40~45 km·h^{-1})(表 3.1),导致强降水持续时间长、累计降水量大。台风"玲玲"北上到相同纬度时具有更深厚的湿层和低层更大的比湿,与西北侧冷涡相距太远,仅有扩散南下的弱冷空气侵入台风环流,使台风"玲玲"北上过程中变性慢、移动快(移动速度为 60~65 km·h^{-1})。台风"玲玲"中心北侧仅有较弱的锋生作用,锋区强度和上升运动强度不及台风"布拉万",导致降水强度和范围均较小,加之锋区上中尺度对流区随台风移动快,降水持续时间短、累计降水量不大。

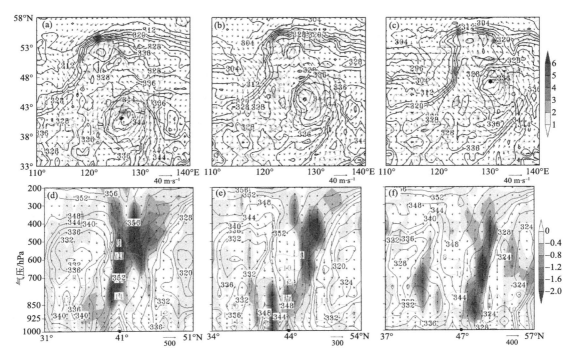

图 3.5　台风"玲玲"各物理量场平面和剖面

2019 年 9 月 7 日 20 时(a,d),8 日 02 时(b,e),08 时(c,f) 850 hPa 相当位温(实线,单位:K)、锋生函数(阴影,单位:K·h⁻¹·(100 km)⁻¹)、水平风场(箭矢,单位:m·s⁻¹)(a,b,c)以及沿台风"布拉万"中心的垂直速度(阴影,单位:Pa·s⁻¹)、相当位温(实线,单位:K)、比湿(灰色虚线,单位:g·kg⁻¹)和 v-ω(ω 放大 100 倍)的垂直剖面(d,e,f)

表 3.1　两个相似路径台风的结构性质对比

台风	侵入冷空气强度/K	锋区强度/(K·(100 km)⁻¹)	移动速度/(km·h⁻¹)	台风中心稳定性	锋区稳定性
"布拉万"	312～332	11～13	40～45	对流中性	低层 CI 中层 CSI
"玲玲"	324～332	6～10	60～65	低层 CI	低层 CI 中层 CSI

注:侵入冷空气强度和锋区强度均为 850 hPa;侵入冷空气强度用 θ_e 表示;CI 为对流不稳定;CSI 为对称不稳定。

有降水发生的湿过程,若不考虑非绝热加热和摩擦效应,则湿位涡守恒(Hoskins,1974)。台风"布拉万"北上的过程中(图 3.6a,b,c),以对流中性为主,南北两侧冷气团内中低层对流不稳定逐渐减弱。台风中心北侧锋区对流稳定,中低层稳定度逐渐减小;南侧中高层有逆时针卷入的冷空气,导致中层出现对流不稳定。700 hPa 锋面上存在 $\frac{\partial \theta_e}{\partial p} \approx 0$,MPV<0 的区域,大气表现为湿对称不稳定,降水容易获得增幅(张雅斌 等,2018)。对比发现湿对称不稳定是由湿斜压性引起的,而中层的湿斜压性与垂直风切变增强有关,降水凝结潜热释放也可以促使湿斜压性增强。暴雨主要发生在台风中心北侧低层对流不稳定、中层湿对称不稳定的区域内。

台风"玲玲"北上(图 3.6d,e,f)到较高纬度(黑龙江省南部),台风中心低层 850 hPa 以下为显著的对流不稳定,中高层多呈对流中性。台风中心及北侧锋区上,700 hPa 存在 $\frac{\partial \theta_e}{\partial p} \approx 0$,且

MPV<0 的区域,即大气湿对称不稳定。暴雨主要出现在台风中心附近,低层强对流不稳定导致降水分布更加不均匀。台风"玲玲"继续向北移动,台风中心及北部锋区转为对流稳定,仅在锋区上中层存在湿对称不稳定。

可见,两个台风北上过程中,台风中心趋于对流中性,北侧锋区低层对流稳定,中层湿对称不稳定。暴雨区低层对流不稳定、中层湿对称不稳定(表 3.1),有利于强降水的维持和发展。台风"玲玲"北上过程其中心低层维持强对流不稳定,强降水时空分布更加不均匀。

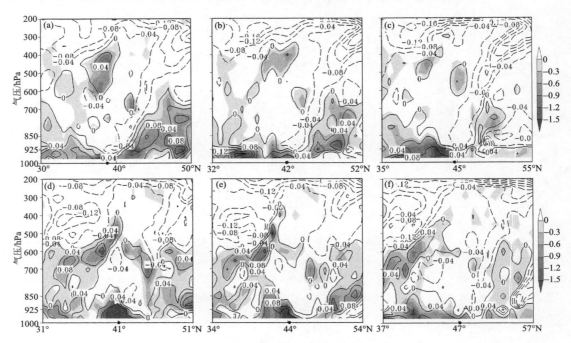

图 3.6 沿台风"布拉万"和"玲玲"中心湿位涡 MPV(阴影,仅给出负值,单位:10^{-6} $m^2 \cdot K \cdot s^{-1} \cdot kg^{-1}$)和 $\frac{\partial \theta_e}{\partial p}$(等值线,单位:$K \cdot hPa^{-1}$)的垂直剖面

2012 年 8 月 28 日 20 时(a),29 日 02 时(b),29 日 08 时(c)及 2019 年 9 月 7 日 20 时(d),8 日 02 时(e),8 日 08 时(f)

3.4 云顶亮温特征

两个台风移入东北地区后,台风云系呈现不对称特征(图 3.7):台风中心南侧云带逐渐减弱甚至消散,北侧则有大范围云顶亮温低于−32 ℃的螺旋云带,对流活跃。但两个台风螺旋云带内对流分布及发展特征不尽相同。

2012 年 8 月 28 日 20 时台风"布拉万"(图 3.7a,b,c)移至黄海北部,北侧的螺旋云带开始影响黑龙江省。台风西侧云带向南向台风中心呈气旋式弯曲;东南侧与沿副高外围的暖湿输送带相连。冷空气逆时针卷入台风南部,出现下沉气流,表现为晴空区,晴空区北侧对流旺盛。台风继续北上,中心北侧的螺旋云带沿纬向逐渐被拉长;其西侧与冷空气相遇后对流发展旺盛,更加向南气旋式弯曲,在台风中心南侧出现对流活动;其东南侧与副热带暖湿输送带逐渐断开,没有暖湿空气的持续输送,台风云系逐渐减弱。台风云系表现为"9"字型,呈现出锋面气旋逗点云系特征。台风西侧和西北侧为对流活跃区。台风继续向北移动,其东侧的云带逐渐断裂、消散,仅在西侧和北侧维持亮温低于-32 ℃的螺旋云带。云顶亮温小于-52 ℃的中尺度对流云团在黑龙江省活动时间持续近 12 h,给当地带来持续性强降水。

　　台风"玲玲"云系演变(图 3.7d,e,f)与台风"布拉万"有较大差异,2019 年 9 月 7 日 14 时,台风"玲玲"刚刚在朝鲜半岛登陆,其外围的螺旋云带更加宽广,主要集中在中心北侧。受高空偏西风急流影响,北侧螺旋云带向东伸展超过 20 个经距。水汽主要来自日本海,源源不断的水汽输送使台风北侧维持宽广的螺旋云带,台风中心附近对流活跃。蒙古国东侧有冷涡云系活动,扩散南下的冷空气卷入台风北侧,使台风北侧对流旺盛。台风向北移动快速穿过黑龙江省,8 日 08 时,其北侧螺旋云带基本移出,强降水结束。台风对流云带影响黑龙江省时间短,导致强降水持续时间短,累计降水量不及台风"布拉万"。

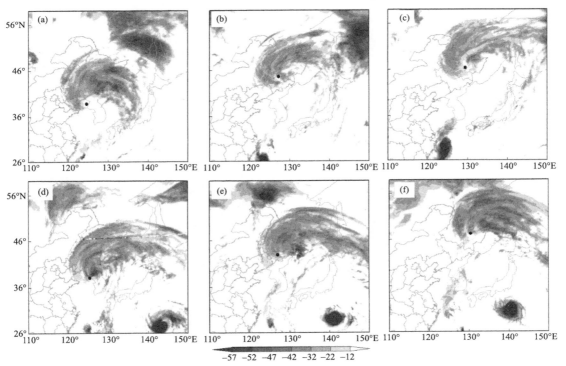

图 3.7　FY-2F 红外云图 TBB 分布(单位:℃)
2012 年 8 月 28 日 20 时(a)、29 日 02 时(b)和 29 日 08 时(c)及
2019 年 9 月 7 日 20 时(d)、8 日 02 时(e)和 8 日 08 时(f)

　　可见,两个台风进入东北地区后均发生了变性,云系呈现非对称结构。由于冷空气侵入方式和路径不同,及水汽输送的差异,导致两者对流结构和降水强度有较大差异。台风"布拉万"北上的过程中云系东侧减弱消散,西侧和北侧与冷空气相互作用,触发对流;而台风"玲玲"北上过程中云系结构基本维持不变,中尺度对流云团出现在台风中心及北部。

3.5　环境风垂直切变

　　台风"布拉万"和"玲玲"移入东北地区后,台风外围螺旋云带及强降水分布均呈现非对称特征,除了与高纬度冷空气活动有关,还与环境风垂直切变有关。Chen 等(2006)研究表明,北半球台风的环境风垂直切变大于 7.5 m·s⁻¹ 时,强降水区和中尺度对流云团主要出现在沿着切变方向及其左侧。

　　从台风中心向四周 10 个经纬度范围内风垂直切变及平均风速和风矢量随时间演变(图 3.8a,b)可见,台风"布拉万"和"玲玲"在北上到较高纬度后环境风垂直切变均大于10 m·s⁻¹,且越向北移切变越强。垂直切变的方向台风"布拉万"为西南偏南,而台风"玲玲"为西南,两个台风的对流云团均出现在顺切变方向及其左侧,即台风北侧。不同之处在于,台风"布拉万"的环境风垂直切变更强,在强降水结束时达到最大,而台风"玲玲"的环境风垂直切变值相对较弱,但一直随时间增大。黑龙江省出现强降水时台风区域平均环境风垂直切变大于或等于 20 m·s⁻¹。

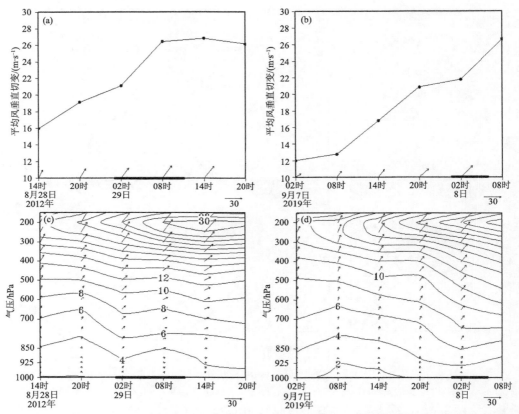

图 3.8　台风"布拉万"(a,c)和"玲玲"(b,d)平均风垂直切变时间演变及区域平均风速和风矢量的高度-时间演变
(风矢为风向,横坐标上的粗实线为黑龙江省强降水时段,单位:m·s⁻¹(a,b),区域平均风速(等值线)和
风矢量(箭矢)的高度-时间演变,单位:m·s⁻¹(c,d))

　　台风"布拉万"区域平均风速和风矢量垂直分布随时间变化(图 3.8c)上,最初台风区域低层平均风为偏南风,高层为西南风,高层风速大于低层。随着台风北上更加接近高空急流轴,高层平均风速不断增大。低层(925～700 hPa)风速变化不大,2012 年 8 月 29 日 08 时以后风向逐渐顺时针旋转为偏西风,主要是由台风中心西侧的西北风范围和速度不断增大引起的。2019 年 9 月 7 日 02 时台风"玲玲"(图 3.8d)位于黄海南部,低层为偏南风,高层为西南风,平均风速均较小。随着台风的北移,高层平均风速持续增大,风向不变,移入东北地区后低层风

速略有增大,以偏南风和西南风为主,也可以说明此次台风过程中冷空气势力不及"布拉万"。

3.6　暴雨区降水条件对比

　　台风"布拉万"和"玲玲"均携带充沛的水汽北上,给黑龙江省带来的降水量不同,源于台风北上变性过程中降水区域内动力和热力结构的差异。

　　图 3.9 为出现两次台风暴雨的黑龙江省中部地区(126.5°—130°E,45°—48°N)平均气象要素垂直分布随时间的演变。从相当位温和平均风场演变(图 3.9a,d)可见,2012 年 8 月 28 日 20 时以前(暴雨前),副高西侧的偏南暖湿气流(6～8 m·s⁻¹)持续向北输送水汽和热量,暴雨区低层大气增温增湿,θ_e 大于 342 K,中层有冷空气活动,大气表现为强对流不稳定。随着台风的移入,逐渐转为对流中性或对流稳定,29 日 02 时,低层偏东风迅速增大,携带大量的水汽在台风倒槽处辐合,触发对流,形成强降水。台风中心移入,有暖舌从对流层高层向下伸展到 850 hPa。14 时以后低层转为偏北风,强降水结束。台风"玲玲"影响时间为初秋,东北地区热力条件转差,加之前期低层仅有较小的偏南风(2～4 m·s⁻¹),向北的温湿平流较小。2019 年 9 月 7 日 14 时—8日 02 时,仅在近地面有浅薄的暖湿层,低层表现为弱对流不稳定,低层偏东风增大,携带的水汽

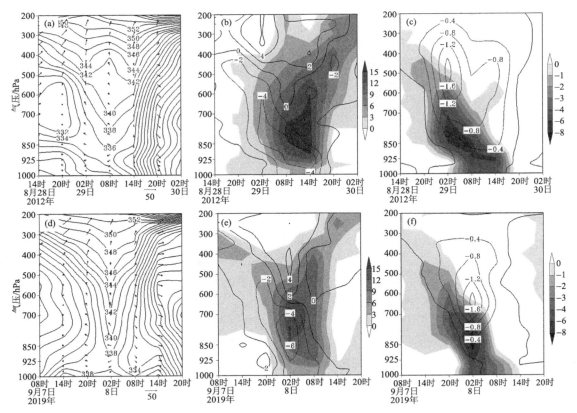

图 3.9　黑龙江省中部地区多种物理量的高度-时间演变相当位温(单位:K,等值线)和风矢量(单位:m·s⁻¹,箭矢)(a,d),涡度和散度(单位:10⁻⁵ s⁻¹,阴影为涡度,等值线为散度),水汽通量散度(单位:10⁻⁷ g·s⁻¹·cm⁻²·hPa⁻¹,阴影)(b,e)和垂直速度(单位:Pa·s⁻¹,等值线)(c,f)的高度-时间演变台风"布拉万"(a～c),台风"玲玲"(d～f)

在台风倒槽处辐合,触发对流,形成强降水。8 日 02 时台风移入,低层偏东风更大,有更强更狭窄的暖舌从对流层高层向下伸。8 日 08 时以后低层转为较大的西北风,降水趋于结束。

从涡度和散度演变(图 3.9b,e)上看,台风移入暴雨区涡度迅速增大。2012 年 8 月 29 日 02 时,暴雨区中低层为辐合区,高层为辐散区;整层开始出现正涡柱结构,低层辐合高层辐散的动力结构产生上升运动,触发对流,加之对流不稳定能量的释放及正涡柱结构促使对流维持和加强。08—14 时正涡柱强度达到最大,但高层辐散减弱,低层辐合层变薄,相应地,上升运动强度也减弱。从水汽通量散度场(图 3.9c,f)上,表现为强水汽辐合区由中层下降到低层,且越来越浅薄。29 日 02—14 时低层出现水汽辐合,与强上升运动配合的时段出现强降水。2019 年 9 月 8 日 02—08 时,400 hPa 以下大气出现正涡柱结构,强度不及台风"布拉万"。辐散场上仅在 02 时前后出现低层辐合、高层辐散的动力结构,对应强上升运动,最大上升速度的强度与"布拉万"相同,但高度较低(600 hPa),暴雨区内上升速度和水汽辐合区域集中,造成的暴雨范围较小。

综上所述,台风"布拉万"影响前,低层具有较厚的暖湿层,中层有冷空气活动,大气具有强对流不稳定性,台风倒槽触发对流,暴雨区域内对流活跃,强降水持续时间长。台风"玲玲"影响时已为初秋,热力条件转差,仅在低层有弱对流不稳定,对流较弱,强降水持续时间较短。

3.7　小结与讨论

对比分析了两个路径相似、北上深入内陆均发生变性,直击黑龙江省的台风"布拉万"和"玲玲"的特征和降水差异,主要结论如下。

(1)两个台风北上过程中大尺度环流背景相同。高层均有高空西南急流,两个台风均位于高空急流入口区右侧强辐散区;副高位置均是异常偏北,并与高纬度暖高压脊同位相叠加,形成高压坝,台风沿着副高西侧偏南气流北上;均有偏南和偏东低空急流向东北地区输送水汽,在台风中心及北侧倒槽处辐合抬升形成暴雨。

(2)两个台风低层锋生强度及变性程度不同。两次暴雨过程均与中尺度锋生有关。较强冷空气从台风"布拉万"西北侧中高层下沉,台风北侧锋区随高度向北倾斜,强烈锋生,锋区与深厚的上升运动区相对应,形成中尺度对流区,降水强度大。台风"布拉万"变性快、移动慢,导致强降水持续时间长、累计降水量大。台风"玲玲"北上到相同纬度时具有更大的强度,更深厚的湿层和低层更大的比湿,但仅有扩散南下的弱冷空气侵入,使台风"玲玲"变性慢、移动快,导致降水持续时间短、累计降水量不大。台风中心北侧锋生作用较弱,锋区强度及上升运动较弱,导致降水强度和范围均较小。

(3)台风云系结构特征不同。两个台风云系呈现非对称结构。由于冷空气侵入方式和路径不同,及水汽输送的差异,导致两者对流结构和降水强度有较大差异。台风"布拉万"北上的过程中云系东侧减弱消散,西侧和北侧与冷空气相互作用,触发对流;而台风"玲玲"北上过程中云系结构基本维持不变,中尺度对流云团出现在台风中心及中心北部。

(4)暴雨区低层对流不稳定、中层湿对称不稳定。台风"玲玲"北上过程,其中心低层对流不稳定更强,强降水时空分布更加不均匀。

(5)暴雨区环境场动力、热力结构不同造成降水的差异。台风"布拉万"降水时大气具有强对流不稳定性,台风倒槽触发对流,暴雨区域内对流活跃,强降水持续时间长。台风"玲玲"热力条件较差,仅在低层有弱对流不稳定,对流较弱,强降水持续时间较短。

　　本研究发现,台风北上到较高纬度与冷空气相互作用发生变性,冷空气的强度、路径及侵入台风环流的方式不同使台风变性程度不同,导致台风移动速度及对流分布的差异,最终造成降水强度和持续时间的不同。预报过程中除了关注台风强度及路径外,还需要注意分析高纬度冷空气活动对台风变性的影响。另外,环境风垂直切变会影响变性台风的对流分布,对强降水预报有指示意义。

第4章 台风残涡暴雨

2017 年 8 月 3—4 日受 1710 号台风"海棠"残余环流北上影响,东北地区迎来大范围的暴雨、大暴雨天气,最大单日降水量为 185.6 mm,最大小时雨量为 51.1 mm。暴雨区呈带状分布,呈现向北增强的趋势,在时空分布上都有明显的中尺度特征:降水强度大、突发性强、持续时间短。大暴雨区呈线状分布,水平宽度为 50 km 左右,长度为 300 km 左右,具有典型的中 β 尺度对流系统特征。本章对造成暴雨的中尺度对流系统(MCS)的活动特征和环境条件及触发机制进行研究,加强对暴雨中尺度系统的理解,深化对暴雨及中尺度系统的认识,也为暴雨预报提供有指示意义的信息。

4.1 暴雨概述及特点

2017 年 8 月 3—4 日,东北地区遭遇了大范围的暴雨、大暴雨天气过程,具有降水范围广、局地强度大的特点。在 8 月 3 日 08 时—4 日 08 时累计降水量分布(图 4.1a,仅显示≥50 mm)上,最大单日降水量为 185.6 mm(吉林省大安站,位于黑龙江、吉林交界处)。从辽宁、内蒙古交界到黑龙江省南部的东北平原地区有一条东北—西南向的暴雨带,并呈现向北增强的趋势。其中,降水量≥100 mm 的大暴雨呈线状分布,水平宽度 50 km 左右,长度在 300 km 左右,具有典型的中 β 尺度对流系统特征。

从吉林大安站和黑龙江安达站两个大暴雨站的逐时降水量(图 4.1b)来看,短时强降水集中在 3 日 20 时—4 日 03 时,每站均出现一个雨强峰值,大安站为 45.8 mm·h^{-1}(4 日 00 时),安达站为 51.1 mm·h^{-1}(4 日 02 时)。两站相距 136 km,雨强峰值出现的时间相差 2 h,可见,中尺度对流系统自南向北传播,并逐渐增强。

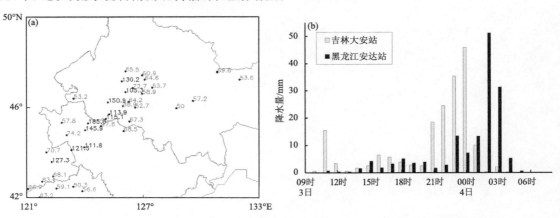

图 4.1 2017 年 8 月台风"海棠"暴雨雨量分布(a,单位:mm)及暴雨中心逐时雨量(b)

4.2　天气尺度环流背景

300 hPa 上,降水开始前,西西伯利亚地区为冷涡,35°N 以南为东西向暖高压带。冷涡向东南方向移动,其南侧的锋区逐渐增强,锋区上有高空槽引导冷空气东移,位置和移动速度均超前于冷涡。1710 号台风"海棠"残余环流表现为气旋性环流,由高压带南侧向北移动,切断高压逐渐并入高空槽中。500 hPa 等压面上,8 月 1 日,冷涡东南侧贝加尔湖以南 100°E 附近有冷槽东移,副高位置偏西偏北,588 dagpm 等高线北界超过 41°N,西界到华北东部。2 日,台风"海棠"残余环流继续北上减弱为高空槽,与东移的冷槽同位相叠加,表现为从华北北部到华东地区南北向的深槽。副高逐渐东退到黄海和日本海上,其西侧的偏南气流将海上的水汽和热量向北输送,与槽后冷空气交绥,给华北北部和东北南部地区带来大范围的暴雨天气,特别是沿海和平原向高原的过渡地区出现大暴雨天气。3 日,副高位置较为稳定,深槽东移受阻,其向北移动分量逐渐增大,20 时位于东北地区西部,暴雨区移至东北地区,除了辽宁东南沿海及长白山脉南侧迎风坡外的几个大暴雨站外,其余大暴雨均出现在深入内陆的东北平原地区。

850 hPa 上,表现为台风残涡北上过程,3 日 20 时(图 4.2a)低涡中心移至辽宁内蒙古交界地区,其北侧倒槽切变经吉林西部向东北方向延伸至黑龙江西部地区。从华东沿海经渤海到倒槽切变南侧为偏南风低空急流(12~22 m·s^{-1}),将海上的水汽向东北地区输送,并在倒槽处辐合抬升,为暴雨的出现和维持提供了有利条件。暴雨期间,倒槽切变及偏南风低空急流随低涡环流缓慢北上,沿着切变线自南向北出现了大范围的暴雨、大暴雨。

海平面气压场上,1710 号台风"海棠"于福建登陆后强度逐渐减弱,其残余环流不断北上,移入东北地区后再度加强,给东北地区带来大范围的暴雨、大暴雨天气。8 月 3 日 20 时(图 4.2b),地面气旋中心移至吉林内蒙古交界地区,中心气压最低为 991 hPa。气旋北部倒槽内有较大范围的负变压区($\Delta p_3 < -2.0$ hPa),与大暴雨区基本一致,黑龙江、吉林两省交界处为 $\Delta p_3 \leqslant -5.0$ hPa 的负变压中心,有强烈的变压风辐合。3 日 20 时—4 日 02 时,地面气旋快速发展,向负变压中心移动,加强的低层辐合作用,导致大暴雨的出现。

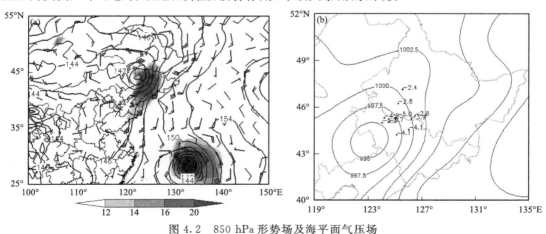

图 4.2　850 hPa 形势场及海平面气压场
高度场(实线,单位:dagpm)和风场(单位:m·s^{-1},阴影为风速≥12 m·s^{-1}的低空急流)(a),海平面气压场(实线,单位:hPa)和 3 h 变压($\Delta p_3 < -2.0$ hPa)(b)

4.3　中尺度对流云团活动特征

8月3日,降水云系在东北地区获得发展,形成连续完整的涡旋云系。午后可见光云图(图4.3a),涡旋云系位于东北地区上空,东侧云顶表面较为光滑、均匀,多为卷云。云系西侧与晴空区交界附近不断有对流触发,云顶多凸起的褶皱和斑点,出现上冲云顶,对流云东侧的暗影清晰可见,特别是在气旋中心附近对流活跃,给吉林和辽宁西部地区带来较大降水。

8月3日20时,从涡旋云系内部长春站的探空曲线上(图4.3b)可以看到,抬升凝结高度、对流凝结高度和自由对流高度均为0.45 km,0 ℃层高度(5.15 km),表明暖云层深厚,降水效率高。本次降水之前东北大部地区最高气温连续多日维持在30 ℃以上,累积了一定的不稳定能量,此时对流有效位能为1316 J·kg^{-1},K指数达39 ℃,沙氏指数为−0.7 ℃,抬升指数为−3.6 ℃。整层风速(≥16 m·s^{-1})较大,0～6 km风垂直切变较大,达3×10^{-3} s^{-1};500 hPa以下风随高度顺时针旋转,表明低层有暖平流。对流层低层和高层,温度与露点曲线基本贴合在一起,在700～400 hPa的对流层中层有干空气活动,温度露点差在4～8 ℃。这些均可以表明云系内部大气处于不稳定状态,有利于以短时强降水为主的对流发展。

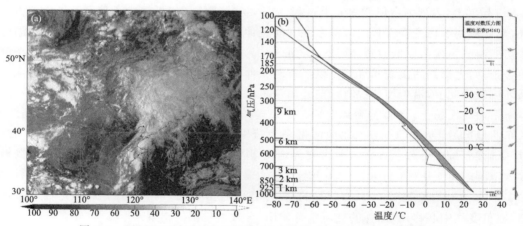

图4.3　FY-2F卫星可见光云图云量(a,单位:%)和长春站探空曲线(b)

使用国家卫星气象中心提供的FY-2F红外卫星云图来考察大暴雨中心中尺度对流云团的活动特征。图4.4是在8月3日16时—4日07时经过大暴雨中心沿125°E的TBB随纬度-时间演变分布。图中清晰地显示出对流云团自南向北传播的过程;期间有2次对流云团强盛期(TBB低值中心),与强降水集中时段相对应,值得注意的是,云团南部亮温梯度大,表明干冷空气从南部侵入,激发对流,使降水增强。3日18—23时,中尺度对流云团在吉林西北部地区活动,并在向北传播的过程中加强。21—22时在大安站附近TBB达到−60 ℃,给此处带来短时强降水(45.8 mm·h^{-1})。3日23时—4日02时,随着干冷空气的加强及向北推进,在其北部激发出新的对流云团,在其强烈发展的过程中给安达站带来了更强的降水(51.1 mm·h^{-1})。每次短时强降水均与TBB低值中心相对应,并滞后1 h左右。

逐时的TBB演变能更加直观地反映出中尺度对流的发生发展过程及每一阶段的特征(图4.5)。3日17—19时(图略),对流云团A在吉林、内蒙古交界地区强烈发展,向东北方向移动。20时对流云团A北移接近大安站,大安站降水强度迅速增强;21—22时,云团A在往

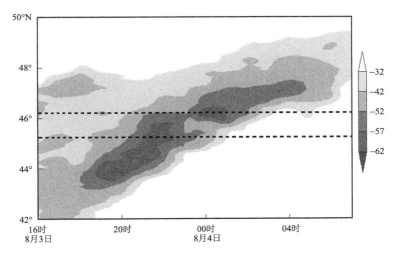

图 4.4　沿 125°E 的 FY-2F 卫星红外云图 TBB(单位：℃)随时间纬度的分布
虚线为大暴雨中心所在的纬度,大安站(124.16°E,45.30°N),安达站(125.19°E,46.23°N)

东北移动过程中 TBB≤−57 ℃ 的冷云区面积减小,并分裂成两个中心。大安站一直处于 TBB≤−57 ℃ 的冷云内,降水强度逐渐增强;23 时云团 A 中云区结构逐渐变得松散,在对流云团减弱阶段大安站小时雨强达到最大。

3 日 23 时,受气旋后部加强的干舌影响,在云系南侧 TBB 大梯度区箭头所示的位置,出现了倒"V"缺口,并维持到 4 日 01 时。从南部进入的干空气使原本减弱的云团 A 再度获得发展,4 日 00—01 时有三个尺度较小的对流云团 B,C,D 新生。对流云团 C 范围最大,向东北方向移动最快,远离云系南侧 TBB 大梯度区后逐渐减弱;而对流云团 B,D 一直处于云系南侧 TBB 大梯度区附近,随云系北移,故而维持时间较长。安达站受云团 C 活动影响,降水强度迅速增强,处于云团后部 TBB 大梯度区时雨强达到最大。4 日 02 时,对流云团 C 减弱,向东北方向移动后,在安达站附近有尺度更小的对流云团 E 新生,受其影响强降水持续;到 03 时,对流云团 E,C,D 合并加强为对流云团 F,逐渐远离安达站,此处降水逐渐结束;同时云团 B 获得发展。之后对流云团 B,F 一直维持在云系南侧 TBB 大梯度区处,随云系加速向北移动。

由以上分析可知,大安站的强降水是由一个尺度较大的 MCS 造成的,强降水时间长(4 h),时间分布相对较为均匀,在对流云团减弱阶段小时雨强达到最大,出现在云团内部冷云区内;而安达站的强降水是由两个尺度更小的 MCS 造成,受干空气活动的影响,强降水更为猛烈,持续时间更短(2 h),出现在云团后部边缘 TBB 大梯度区处。

4.4　雷达回波演变特征

以上卫星资料分析可以反映出中尺度对流云团云顶亮温发展演变特征,下面使用分辨率更高的多普勒雷达探测资料进一步分析中尺度对流云团的内部结构特征。

3 日 17—22 时(图略)绥化站雷达 0.5°仰角反射率因子图上,表现为大范围自南向北移动的混合云降水回波,反射率因子普遍在 40 dBZ 以下。3 日 22 时((彩)图 4.6a),南部开始出现晴空区,晴空区周围有强回波生成,并连成向北凸起的带状回波,南界的反射率因子梯度增大。3 日 23 时—4 日 01 时((彩)图 4.6b,c),随着晴空区范围的不断向北扩大,带状回波向北凸起

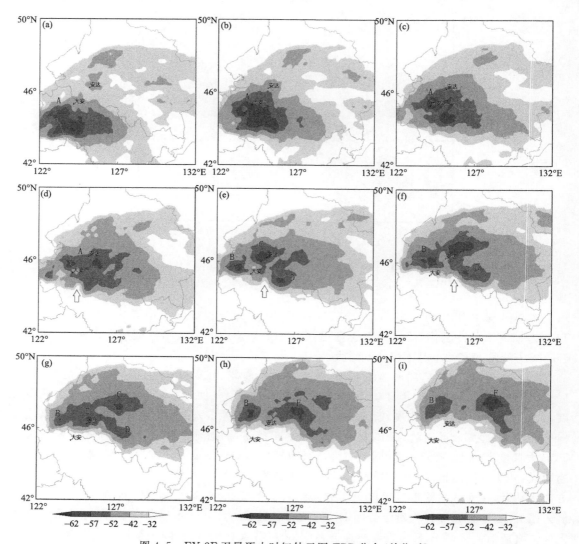

图 4.5　FY-2F卫星逐小时红外云图 TBB 分布(单位:℃)

3 日 20 时(a),3 日 21 时(b),3 日 22 时(c),3 日 23 时(d),3 日 24 时(e),4 日 00 时(f),4 日 01 时(g),

4 日 02 时(h),4 日 03 时(i)

得更加明显,逐渐形成倒"V"型强回波带,其西侧东北西南向的回波带中强对流单体增多,特别是其南端对流更加活跃,此处不断有新对流生成和发展(图中黑色圆圈处),最大反射率因子维持在 50 dBZ 左右。沿着(彩)图 4.6c 中直线做反射率因子垂直剖面((彩)图 4.6g),可见,此处强对流的反射率因子在垂直方向上以回波顶为中心对称分布,高度在 10 km 以下,50 dBZ 的强反射率因子高度不超过 5 km,在 0 ℃等温线高度以下,表明此处的强降水是暖云降水,降水效率高,雨强大。

4 日 01 时 01 分—02 时 36 分((彩)图 4.6c,d,e,f),倒"V"型强回波带,逐渐北移,其西侧东北—西南向的回波带南端(图中黑色圆圈处,也是安达站附近的大暴雨区)不断有新对流生成和发展,沿着回波带向北移动。可见,回波的后向传播造成大暴雨区一直有最大反射率因子

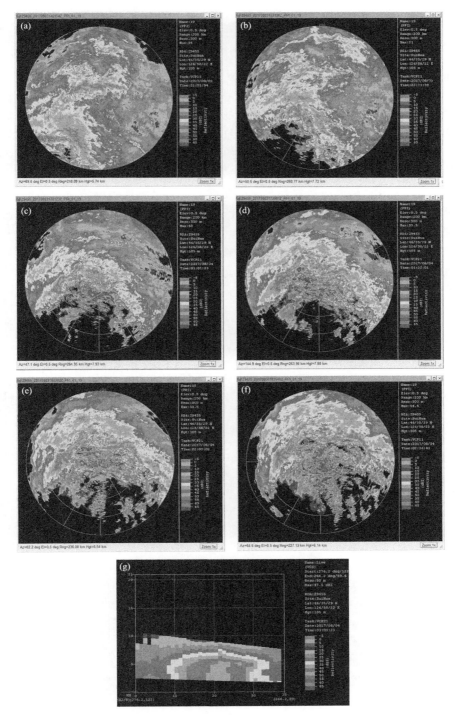

(彩)图 4.6　绥化站雷达 0.5°仰角反射率因子演变以及反射率因子垂直剖面

2017 年 8 月 3 日 22 时 01 分(a)、23 时 31 分(b)和 4 日 01 时 01 分(c)、01 时 35 分(d)、02 时 03 分(e)、

02 时 36 分(f)及 4 日 01 时 01 分沿图(c)中直线的反射率因子垂直剖面(g)

达50 dBZ的回波,降水效率高的强回波活动,持续时间超过 1.5 h。地面上降水强度达到最大,持续时间较长(2 h)。02 时 36 分以后,回波带加速向东北方向移动,强回波中心变成更窄的条状后逐渐消失,随着回波强度的减弱,地面降水强度也减小。

4.5 中尺度对流系统发展环境条件特征

1710 号台风"海棠"残余环流一路北上的过程中,其东侧一直存在偏南风低空急流,将海上的水汽和热量向环流中输送,使其强度得以维持。3 日 20 时(图 4.7a),东北地区北部强降水开始,在低空 850 hPa 上有一条近乎南北向的带状水汽通量高值区从江淮地区、经东海及黄海源源不断地向北输送,水汽输送带上的通量大值中心位于吉林中部和辽宁北部超过 42 g·s⁻¹·cm⁻¹·hPa⁻¹;同时造成东北地区北部低层大气湿度不断增大。不断向北输送的水汽在低涡中心北部及水汽输送带上均有辐合,在低涡中心北部辐合切变处,也就是水汽通量高值舌区北部形成中心值为 -12×10^{-7} g·s⁻¹·cm⁻²·hPa⁻¹ 的低层水汽辐合中心。水汽输送带及水汽辐合大值区随低涡加强北上,4 日 02 时(图 4.7b),带状水汽通量高值区向北推进,

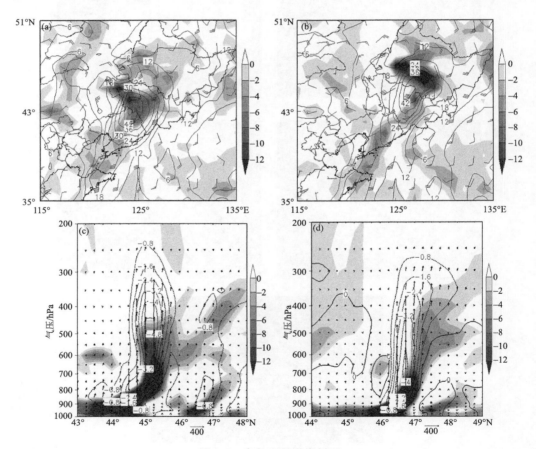

图 4.7 各物理量垂直剖面

水汽通量(等值线;单位:g·s⁻¹·cm⁻¹·hPa⁻¹)、水汽通量散度(阴影;单位:10⁻⁷ g·s⁻¹·cm⁻²·hPa⁻¹)和风场(a,b),水汽通量散度(阴影;单位:同上)、垂直速度(等值线,单位:Pa·s⁻¹)及 vw(w 放大 100 倍)的垂直剖面(分辨率为 0.25°×0.25°)(c,d);3 日 20 时,沿 124°E(a,c),4 日 02 时,沿 125°E(b,d)

强度略有增强,大值中心移到黑龙江、吉林交界附近;水汽辐合中心也相应地向北偏东移动1~2个纬度,移至黑龙江南部偏西地区,辐合强度显著增大,最大值增强到-15×10^{-7} g・s^{-1}・cm^{-2}・hPa^{-1}。暴雨区与水汽辐合大值区相对应,一直处于低涡中心北部辐合切变处,水汽通量高值舌区北部。

3 日 20 时沿 124°E 的经向剖面图(图 4.7c)上,强的水汽辐合区在低层 850 hPa 以下集中位于 45°N 以南,随高度向北倾斜,向上伸展高度超过 500 hPa;垂直速度分布与水汽通量散度类似,低层倾斜向上的强上升运动区一直延伸至对流层高层,在 45°N 附近的对流层中层(500 hPa)达到最大,为-4.8 Pa・s^{-1}。对流层中低层的强水汽辐合区与强上升运动相重叠的区域即为暴雨区,暴雨区北侧出现下沉运动。到 4 日 02 时(图 4.7d)强上升运动区向北移动 1.5 个纬度,向上伸展的高度及中心强度均减弱,最大上升运动区的高度下降到 700 hPa 上下,同时上升运动在低层加强,高层减弱;强的水汽辐合区随之北移,强中心下降到 700 hPa 以下,变得更狭窄且强度更大。46°~47°N,中低层增强的水汽辐合及加强的上升运动造成了更加猛烈的降水。

前期位于 40°N 附近的高空急流,受大尺度扰动影响,断裂为东西两个急流带,东部急流不断向北传播,并发生反气旋式弯曲。3 日 20 时(图 4.8a),高空急流核向北移到 50°N 附近,同时随台风残余环流北上的低空偏南急流,移至东北地区中南部,暴雨区位于高空急流核右后方强辐散与低空急流左前侧强辐合的重叠区域内。制作安达站的相对涡度和散度的高度-时间演变图(图 4.8b),可见,强降水发生前,对流层高层 200 hPa 上下出现了强辐散,并逐渐往下扩展至 450 hPa,随后在低层出现强辐合。强降水发生时(4 日 02 时),低层辐合达最强,与此处的强上升运动相对应。同时中低层的正涡度迅速增大,正涡度柱不断向高层伸展,超过 300 hPa,可以表明中尺度系统的发展相当深厚。

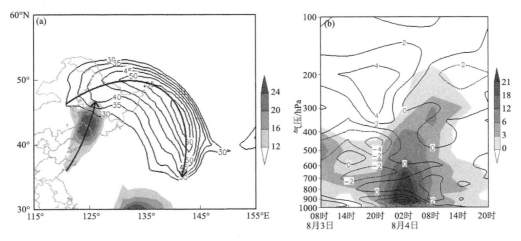

图 4.8　高低空急流(a)及安达站涡度和散度的高度-时间演变(b)
(a)850 hPa 风场(阴影,单位:m・s^{-1},仅显示≥12 m・s^{-1}),200 hPa 风场(黑实线,单位:m・s^{-1},仅显示≥30 m・s^{-1}),急流轴(箭头线),(b)涡度(阴影,单位:10^{-5} s^{-1})和散度(等值线,单位:10^{-5} s^{-1})

4.6　热力和不稳定特征

　　从 θ_{se} 与比湿的经向-高度剖面(图 4.9)可以看到,对流层低层高能舌自南向北移动;中高层加强的干冷空气侵入,与暖湿空气的交界面上锋区加强向北推进的过程。

　　3 日 20 时(图 4.9a)700 hPa 以下有 θ_{se} >352 K 且比湿>12 g·kg^{-1} 的暖湿空气随偏南风向北伸展到 44°~45°N。在暖湿空气上方,700~300 hPa 有 θ_{se} 低值区,低值中心 θ_{se} <336 K,位于 500 hPa 上下,此处在比湿场上显示为比湿随高度迅速减小的干区,特别是 500 hPa 以上,比湿<0.5 g·kg^{-1}。45°N 以南的地区,表现为上干冷、下暖湿的状态,大气具有对流不稳定。45°N 附近区域在垂直方向上存在强上升运动,有利于低层的水汽和热量向上混合输送,使得此处整个对流层中 θ_{se} 的数值几乎不变。4 日 02 时(图 4.9b)暖湿空气继续向北推进,低层 θ_{se} >352 K 的区域向北伸展,越过 46°N,44°~46°N 近地面层显著增湿,比湿达到 18 g·kg^{-1}。中高层 θ_{se} 低值区北移,范围和强度增大,与前侧暖湿空气的交界面上 θ_{se} 等值线逐渐密集,低值中心值减小到 θ_{se} <332 K,高度降低到 600 hPa,大气中低层变得更加对流不稳定,导致更加猛烈的降水。

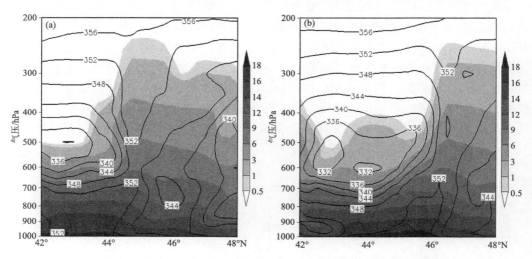

图 4.9　比湿(阴影区,单位:g·kg^{-1})和 θ_{se} (等值线,单位:K)的垂直剖面
3 日 20 时(a),4 日 02 时(b)

4.7　中高层干冷空气活动及作用

　　干侵入具有大的位势涡度和小的湿球位温这两个特征(Browning et al.,1995,1996;Browning,1997),有助于中气旋的发生发展(Lemon,1998)。卫星水汽图像是监测干侵入最为直观有效的工具,干侵入在水汽图像上表现为深灰暗区(刘会荣 等,2010;吴庆梅 等,2015;赵宇 等,2016)。3 日 20 时(图 4.10a),500 hPa 上内蒙古东北部有气旋性环流,其南侧的偏西风里有较强的冷平流,冷平流中心位于辽宁、内蒙古交界地区,强度达−150×10^{-6} K·s^{-1}。从黄河下游向东北方向延伸的干区,与内蒙古中部向东南方向扩展的干区合并向北伸展到吉林和辽宁西部,相对湿度<20%,并随气旋向北传播。干区分布与水汽图像暗区相吻合,反映了干侵入位于对流层中高层。

　　位势涡度水平分布(图 4.10b)显示,从华北到东北地区西部为一条自南向北传播的高位涡带,与干区基本重合,由于冷平流作用使其温度较低,表明对流层中高层存在一支东北—西南向的干冷空气。水汽图像(图 4.10c)上与干冷空气对应的是冷锋云系后部直接伸向气旋中心的暗区部分,在暗区边界处不断有新对流被触发。位于暗区北界的吉林西北部地区有对流发展,给大安等地带来强降水天气。之后,随着干冷空气不断加强,暗区在不断向北伸展的过程中其北侧变得更暗,新触发的对流也更加猛烈,造成强度更大的降水。位于暗区北部的通辽站探空曲线上(图 4.10d),500 hPa 以上为 $T-T_d \geqslant 30$ ℃的干区,表明中高层已经有干冷空气侵入,而中低层依然为湿区,这种"上干下湿"的对流不稳定,使降水维持;随后干冷空气进一步向下侵入到中低层,降水随即结束。

　　可见,降水期间,对流层中高层有明显的干冷空气活动,干冷空气来源于中纬度地区,分别来自黄河下游和内蒙古中部地区。中高层干冷空气活动不仅可以触发对流,而且降低了大气稳定度,为对流的发生发展提供了有利条件。

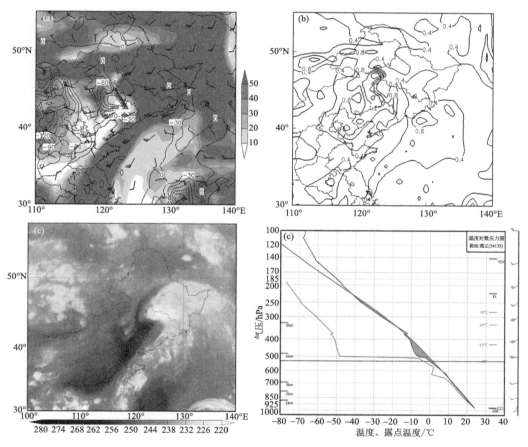

图 4.10　500 hPa 风场(风羽,单位:m·s⁻¹)、相对湿度(阴影,单位:%)和温度平流(等值线,单位:10⁻⁶ K·s⁻¹,只显示负值区)(a),500 hPa 位势涡度(单位:PVU=10⁻⁶ m²·K·s⁻¹·kg⁻¹)(b),FY-2F 卫星水汽图像(单位:K)(c)和通辽站探空曲线(d)

4.8　小结与讨论

（1）1710 号台风"海棠"残余环流不断北上，移入东北地区后再度加强。地面上负变压中心位于气旋北侧倒槽切变处，气旋的快速发展和加强的变压风辐合，造成低层辐合加强，导致大暴雨出现。

（2）暴雨区带状分布，呈现向北增强的趋势，在时、空分布上都有明显的中尺度系统特征：降水强度大、突发性强、持续时间短。大暴雨区呈线状分布，水平宽度在 50 km 左右，长度在 300 km 左右，具有典型的中 β 尺度对流系统特征。

（3）午后可见光云图上，涡旋云系西侧对流活跃，云系内部探空分析显示大气处于不稳定状态，有利于以短时强降水为主的对流发展。暴雨是由 MCS 活动造成的，每次短时强降水均与 TBB 低值中心相对应，并滞后 1 h 左右。对流云团自南向北传播的过程，暴雨主要出现在冷云区内或是云团后部边缘 TBB 大梯度区处。

（4）大暴雨区的强对流单体反射率因子在垂直方向上以回波顶为中心对称分布，50 dBZ 的强反射率因子高度在 0 ℃等温线高度以下，表明强降水是暖云降水，降水效率高、强度大。雷达回波的后向传播造成大暴雨区一直有强回波活动，持续时间超过 1.5 h。导致持续时间较长（2 h）的强降水出现。

（5）物理量诊断分析表明：暴雨区位于高空急流核右后方的强辐散与低空急流左前侧的强辐合的重叠区域内。引发暴雨的中尺度对流系统具有深厚的垂直运动，加强了低层热量和水汽的向上输送。中低层正涡柱迅速增强，水汽辐合增强，加强了中尺度对流系统的发展和持续时间。

（6）中高层有干冷空气活动，不仅触发对流，而且大幅度降低了大气稳定度，为对流的发生发展提供了有利条件。

第 5 章 台风与高空冷涡合并暴雨

2016 年 8 月 29 日开始,1610 号台风"狮子山"越过 30°N,与朝鲜半岛上空的低涡在逐渐靠近的过程中发生藤原效应,台风一路西行最终并入低涡环流中。台风将海上的热量和水汽向低涡输送,低涡不断加强,并稳定维持多日,给东北地区带来大范围持续多日的强降水天气,29 日 20 时—30 日 20 时吉林省图们、延吉 24 h 降水量分别达到了 174.6 mm 和 124.6 mm,均突破历史极值。本章探究中纬度系统与热带系统相互作用引发暴雨的原因,为今后预报台风降水积累经验。

5.1 台风概况及风雨影响

2016 年第 10 号台风生成于西北太平洋洋面上,8 月 20 日凌晨位于 32°N 被命名为"狮子山",是 1977 年以来生成位置最北的台风。26 日 02 时,"狮子山"经历 33 h 的停滞打转(移动速度 ≤5 km·h^{-1})后转为向东北方向移动,其强度和移动速度不断加强,24 日 14 时加强为强台风。28 日 14 时—29 日 08 时台风"狮子山"加强为超强台风,近中心最大风速为 52 m·s^{-1}(16 级),移速增大到 24~28 km·h^{-1}。之后,台风"狮子山"强度逐渐减弱,在快速向北移动过程中偏西分量不断增大,移动方向由东北转为北偏西。于 30 日 16 时 50 分前后在日本本州岛东北部岩手县大船渡市附近登陆,登陆时为强热带风暴,31 日凌晨减弱为热带风暴,于 04 时 30 分前后在俄罗斯海参崴附近沿海再次登陆,并以 50 km·h^{-1} 的速度向偏西方向移动,进入吉林省。31 日 17 时在吉林省磐石市境内变性为温带气旋,停止编号。台风"狮子山"在日本岛登陆后一路西行直到在吉林境内停止编号,台风在西风带 40°N 以北转为西行路径,极为罕见。

8 月 29 日下午东北地区东部率先出现降水,之后东北地区大部分区域出现连续多日的阴雨天气。截至 9 月 1 日 08 时(图 5.1),东北地区东部大部分地区累计降水量超过 50 mm,其中小兴安岭迎风坡及长白山脉附近超过 100 mm,吉林省图们市累计降水量最大,为 236.8 mm。地形有利于中尺度对流系统的发生发展(冀春晓 等,2007),根据降水量分布与地形高度图发现地形对暴雨的增幅作用不可忽视。东部地区在降水的同时出现了大风天气。

图们站降水出现在 29—31 日,从逐时降水量(图 5.2)看,最大降水量为 17 mm·h^{-1},降水分布较为均匀。从降水性质上,29—30 日为持续性降水,期间伴有对流活动;31 日转为阵性降水,雨强逐渐减小。气压变化剧烈:在"狮子山"逐渐移近的过程中,图们站气压持续下降,从 29 日 15 时的 1004.6 hPa 连续下降到 31 日 04 时的 977.2 hPa,38 h 变压达到 -27.4 hPa。

5.2 大尺度环流背景

2016 年 8 月下旬,极地冷空气较为活跃,向南移动到亚洲极圈附近,同时有冷空气分裂南下,表现为在中国东北地区有多短波槽活动。8月26日08时500 hPa上,贝加尔湖南侧,有短波槽新生,槽后有冷中心配合,冷平流促使其在东移的过程中不断发展加深。27日08时,该短波槽移至东北地区东部到黄海附近,随着其经向度的不断加大,在朝鲜半岛附近切断成低涡。低涡生成以后稳定维持在朝鲜半岛上空,强度逐渐加强。1610号台风"狮子山"于26日转为向北移动以后,在西北太平洋上向北偏东方向移动,逐渐接近朝鲜半岛上空的低涡。期间西太平洋副热带高压与鄂霍次克海上的高压脊合并加强,在日本岛以东的洋面上形成强大而稳定的阻塞高压。

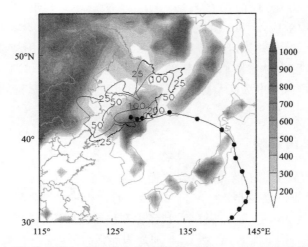

图 5.1　台风"狮子山"路径(圆点)、累计降水量(等值线,单位:mm)和地形高度(阴影,单位:m)分布

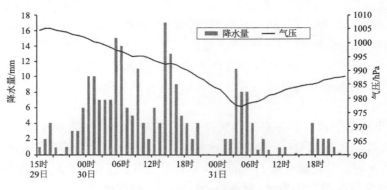

图 5.2　图们站逐时降水量和气压演变

29日14时(图5.3a),洋面上的阻塞高压呈西北—东南向的块状结构,台风"狮子山"位于块状高压西南侧,受偏南风引导向北移动。朝鲜半岛上空的低涡缓慢向东移动,两个气旋在逐渐靠近的过程中受到彼此风场影响,呈气旋式互绕,发生藤原效应。此后台风"狮子山"向北移动过程中偏西分量逐渐增大,移动速度加快,与朝鲜半岛上的低涡逐渐接近。31日02时(图5.3b),阻塞高压加强西伸,台风"狮子山"移至日本海上,与低涡相距不足5个经距。之后两个气旋环流合并,缓慢向西移动。

850 hPa上,29日14时低涡中心位于日本海上,其北侧的倒槽切变逐渐伸向东北地区,切变东侧有东南风低空急流建立,东北地区东部降水开始。之后低涡缓慢向西移动并不断加强,随着台风"狮子山"与低涡的接近,两个气旋的外围环流逐渐合并,东南风低空急流不断加强,东北地区的雨强随之加大。31 日 02 时,台风"狮子山"移到低涡东北侧,两者更加接近,外围环流合并后,风速明显加大,系统东侧的东南风低空急流最大风速≥28 m·s^{-1}。两个系统合并以后,继续向西移动,降水强度随着东南风低空急流强度和范围的减弱而减小。

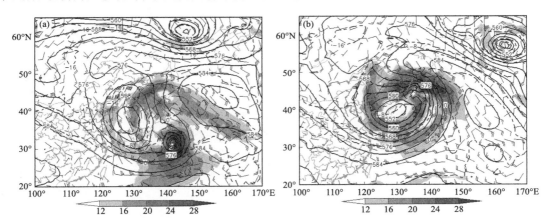

图 5.3　500 hPa 位势高度场(实线,单位:dagpm)、温度场(虚线,单位:℃)和 850 hPa 水平风场
(风羽,单位:m·s^{-1};阴影为低空急流)分布
8 月 29 日 14 时(a),8 月 31 日 02 时(b)

　　30 日 08 时(图 5.4a),低涡位于日本海南部,温度场上表现为从大兴安岭地区伸向涡后部的温度槽,温度槽与台风"狮子山"相距较远,并未破坏台风的暖心结构。从台风中心附近的暖中心到黑龙江省东北部为温度脊。此时台风"狮子山"的涡度区表现为准对称结构,涡度垂直分布基本呈现为正压状态。随后,台风"狮子山"向西偏北方向移动,更加靠近低涡,与其配合的暖中心逐渐远离台风中心。31 日 08 时 850 hPa 上(图 5.4b),台风"狮子山"环流中心移至

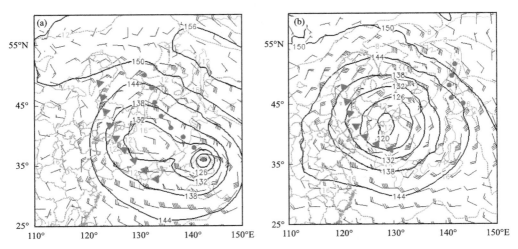

图 5.4　850 hPa 高度场(实线,单位:dagpm)、温度场(虚线,单位:℃)和风场(风向杆,单位为 m·s^{-1})分布
(三角形连线为温度槽,圆点连线为温度脊),8 月 30 日 08 时(a),8 月 31 日 08 时(b)

中俄边界,与低涡更加接近,扩散南下的冷空气逐渐与台风环流发生相互作用,促使其低层暖中心消失,温度脊东移到西北太平洋到日本海一带。台风"狮子山"中心附近涡度强度明显减弱,其准对称的结构遭到破坏,正涡度大值区维持在台风西侧及北侧倒槽内。垂直剖面上,台风"狮子山"的正涡度区与西风带低涡的正涡度区在低层基本融为一体;对流层高层,其正涡度中心依然维持。可见,两个气旋之间已经发生了明显的相互作用。

西风带低涡和"狮子山"环流的相互作用,还可以从温度平流的变化上发现:台风"狮子山"北上过程中随着偏西分量的不断加大,与朝鲜半岛附近低涡逐渐靠近,低涡后部的冷平流逐渐侵入台风中心,破坏了台风的暖心结构,使其减弱变性。

30 日 08 时,沿台风中心取经向剖面(图 5.5a)可见,台风维持暖心结构,中心温度明显高于周围大气温度,对流层中高层尤为明显,偏高 6~7 ℃。台风东侧和北侧是从暖洋面上吹来的偏南风和偏东风,对流层中低层为强暖平流,最大可达 $400×10^{-5}$ K·s^{-1};其西侧和南侧为西北风冷平流,携带着弱冷空气进入台风内部,逐渐靠近台风中心。30 日 20 时(图 5.5b),冷平流已经侵入台风中心,中低层冷平流加强到 $-400×10^{-5}$ K·s^{-1};台风的暖心结构逐渐遭到破坏,与周围空气的温度对比减小。31 日 08 时(图 5.5c),台风移至长白山东麓,其中心温度对比较弱,高层 400 hPa 和低层 900 hPa 附近温差最大,为 2~3 ℃;冷暖平流的范围和强度明显减小。此后,台风中心的暖空气逐渐被冷空气取代,变性为温带气旋。

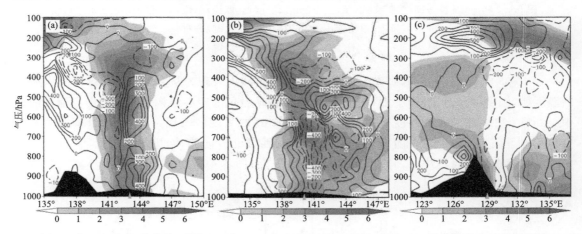

图 5.5　温度平流(等值线,单位:10^{-5} K·s^{-1})和温度距平(阴影,单位:℃)沿台风中心的纬向剖面
8 月 30 日 08 时(沿 36°N)(a),8 月 30 日 20 时(沿 41°N)(b),8 月 31 日 08 时(沿 42.4°N)(c)

5.3　热力、动力条件

低涡自生成以来稳定维持在日本海附近,台风"狮子山"快速向北移动,逐渐靠近低涡。从低层的水汽通量、水汽通量散度及垂直速度分布来看,在两个气旋逐渐接近的过程中(图 5.6),外部环流逐渐合并,台风"狮子山"将海上的热量和水汽沿着外围环流向北输送到低涡环流中,使低涡不断加强,并在其北侧倒槽切边处辐合抬升,形成强降水。特别是在长白山脉、小兴安岭的迎风坡的地形抬升作用,形成暴雨中心。

高低空急流为暴雨提供了有利的动力、热力和水汽条件。分析 200 hPa 流场和风场分布发现,原本位于日本海上的高空急流随着台风"狮子山"向北向西移动,急流轴强度和范围逐渐

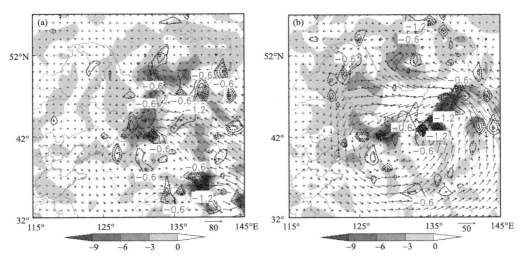

图 5.6　850 hPa 水汽通量（箭失，单位：g・s^{-1}・cm^{-1}・hPa^{-1}）、水汽通量散度
（阴影，单位：10^{-5} g・s^{-1}・cm^{-2}・hPa^{-1}）和垂直速度（等值线，单位：Pa・s^{-1}）
8 月 30 日 02 时(a)，8 月 31 日 02 时(b)

加大，由东西向转为东北—西南向，并逐渐与东亚大陆上的急流断裂。30 日 08 时（图 5.7a），这支高空急流移至中国东北和俄罗斯远东地区，急流轴风速在 60 m・s^{-1}以上。东南风低空急流从台风"狮子山"北侧经过日本海到东北地区东部，急流轴风速超过 20 m・s^{-1}。东北地区东部一直处于高空急流核右后方的强辐散区和低空急流核前方的强辐合区。高空辐散和低空辐合的耦合，再加上低空海上输送的暖湿气流的热力强迫，使低层大气产生了强烈的上升运动，从而产生暴雨天气。

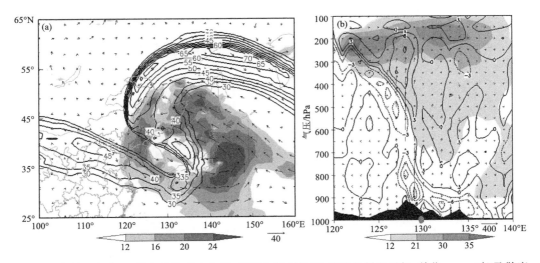

图 5.7　高低空急流(a，黑实线为高空急流，阴影为低空急流，箭矢为低空风场，单位：m・s^{-1})及散度
(b，经向风和 v-ω 沿图们站的纬向剖面(细实线为散度，单位：10^{-5} s^{-1}；阴影为经向风，单位：m・s^{-1}；
箭矢为 v-ω，ω 放大 100 倍))

沿暴雨中心图们站(129.5°E,42.57°N)绘制纬向垂直剖面(图 5.7b)可见,高空急流右侧为高空辐散区,辐散中心位于 400~200 hPa,强度超过 $6×10^{-5}$ s^{-1},低空急流前侧为低空辐合区,沿着长白山脉迎风坡辐合加强,高度抬高,辐合中心达 $-12×10^{-5}$ s^{-1}。强上升运动出现在长白山脉迎风坡,高层强辐散、低层强辐合的区域,与强降水相对应。

5.4 不稳定条件

850 hPa 假相当位温(θ_{se})水平分布上,台风"狮子山"具有的高能量一直表现为 θ_{se} 高值中心,并且 θ_{se} 大小与台风强度变化成正比。高能舌从西北太平洋伸向中国东北地区,在吉林和黑龙江东部形成锋区,不断加强(图 5.8a,b)。31 日 08 时以后,随着台风强度的减弱,与其相伴的 θ_{se} 中心强度不断减小,锋区也随之减弱,降水强度逐渐减小。

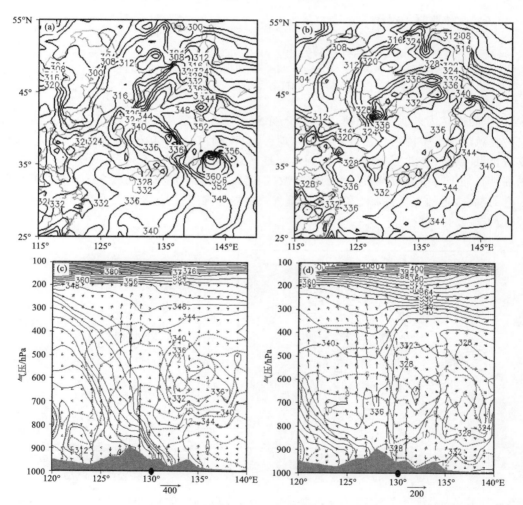

图 5.8 850 hPa 假相当位温 θ_{se}(实线,单位:K)(a,b)及比湿(虚线,单位:g·kg^{-1})、θ_{se}(实线,单位:K)、
v-w(w 放大 100 倍)沿 42.6°N 的纬向剖面图(c,d)
8 月 30 日 08 时(a,c),8 月 31 日 08 时(b,d)

偏东气流引导海上的暖湿空气向西移动,增强大气的斜压性,从而使垂直扰动得到发展。沿图们站的 θ_{se}、比湿及垂直运动的垂直剖面(图 5.8c,d)上可见,暖湿空气自东向西移动,与大陆上干冷空气的交界面上 θ_{se} 等值线逐渐密集并向西移动。8 月 30 日 08 时,125°～130°E 为向西倾斜的锋区,锋区西侧为干冷空气活动区;东侧对流层中低层的偏东风从海上输送暖湿空气,整层大气表现为较高的假相当位温和较大的水汽含量,低层尤为明显(低层 $\theta_{se} \geqslant 344$ K,比湿 $\geqslant 12$ g·kg^{-1}),因此,低层锋区最强。暖湿空气沿着倾斜锋区向上爬升,在图们站附近的上升运动显著加强,降水随之加强。之后锋区随着偏东风缓慢向西推进。31 日 08 时,锋区向西移动并减弱,降水强度较前期弱。

图 5.9 是 2016 年 8 月 30 日 08 时和 31 日 08 时 MPV 沿 42.6°N 的垂直剖面,发现中纬度系统与台风环流造成强降水时大气的稳定度和斜压性不同。2016 年 8 月 30 日 08 时(图 5.9a),MPV1 正值中心从对流层高层沿着倾斜锋区向下传递到中低层,低层正湿位涡迅速增加,在 850 hPa 附近形成 5 PVU 的大值中心,垂直涡度在此处获得增长,有利于低层涡旋发展,使降水增强。高层冷空气沿着锋区以正位涡柱的形式侵入低层,与锋区前对流不稳定的暖湿空气对峙,锋区加强,表现为强斜压性 MPV2<0。130°E 附近,850～600 hPa 上,在 $d\theta_e/dp=0$ 线附近负值一侧的阴影区 MPV<0(圆圈区域),表现为湿对称不稳定。湿对称不稳定区 MPV1>0,MPV2<0,即强斜压性是湿对称不稳定产生的主要原因。大暴雨区位于倾斜锋区附近,对流稳定,中层存在湿对称不稳定,有利于加大降水强度。

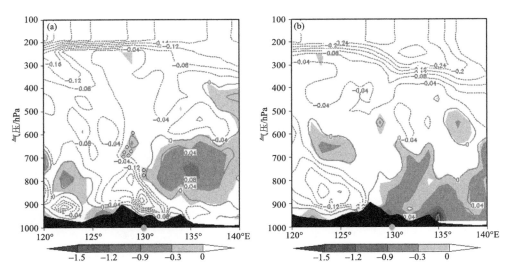

图 5.9　沿 42.6°N 的 MPV(a,阴影为 MPV,单位:PVU(10^{-6} m^2·K·s^{-1}·kg^{-1}))和 $d\theta_e/dp$ 纬向剖面(b,等值线为 $d\theta_e/dp$,单位:K·hPa^{-1})
(圆圈为对称不稳定,下边黑色为地形)

31 日 08 时(图 5.9b),锋区向西移动 5 个经距,强度减弱,台风移到吉林省,受台风活动影响,127°E 以东(白山脉迎风坡),大气转为正压结构 MPV2>0,对流层中低层 600 hPa 以下 $d\theta_e/dp \geqslant 0$,大气对流不稳定,转为阵性降水。

5.5　小结

（1）鄂霍次克海阻塞高压东阻和朝鲜半岛附近低涡的存在，使台风"狮子山"移到中纬度西风带中转为西行路径。东北地区的强降水先后由西风带低涡和台风"狮子山"两个系统活动造成。在两个气旋逐渐接近过程中，台风"狮子山"东北侧的东南急流把海上的热量和水汽向低涡环流输送，在倒槽切变处辐合抬升，产生暴雨。

（2）东北地区东部一直处于高空急流核右后方的强辐散区和低空急流核前方的强辐合区。高空辐散和低空辐合的耦合，再加上低空海上输送的暖湿气流的热力强迫，使得对应的低层大气产生了强烈的上升运动，从而产生暴雨天气。大暴雨区位于倾斜锋区附近，对流稳定，中层存在湿对称不稳定，有利于加大降水强度。

（3）地形对暴雨的增幅作用明显，地形有利于中尺度对流系统的发生发展。累计降水量超过 100 mm 的站点基本都处于长白山山脉或小兴安岭的迎风坡。

（4）台风在西风带 40°N 以北，转为西行路径，极为罕见。是什么原因导致了中纬度低涡与台风发生相互作用的异常大尺度环流形势的稳定维持，还需要进一步研究。

第 6 章　台风与高空冷涡远距离相互作用暴雨

本章关注发生在东北地区的东北冷涡背景下的暖锋暴雨,目前相关研究相对较少。2019年 8 月 6—8 日在东北冷涡活动背景下,黑龙江省持续 3 d 受暖锋影响出现了暴雨天气,对本次持续性暴雨过程的锋生机制和动力、热力及水汽特征进行诊断分析,探讨暴雨成因,以期为今后东北冷涡背景下暖锋暴雨预报提供可供借鉴的参考依据。

6.1　暴雨概述及特点

2019 年 8 月 6—8 日,黑龙江省发生一次典型的东北冷涡暴雨过程,冷涡从发展、维持到减弱阶段均对应有单日暴雨,以对流性降水为主。3 d 降水量最大为 235 mm,过程降水量 >50 mm 的有 312 个站,占全省测站总数的 36%,其中,>100 mm 的有 95 个站,主要集中在松嫩平原,占全省测站总数的 11%。从逐日降水量图上可见,暴雨持续出现在黑龙江省西南部的松嫩平原地区,6 日冷涡新生发展阶段,暴雨就出现在松嫩平原,持续时间长、累计降水量大(图 6.1a,b,c),甘南站单日降水量达 170 mm。7—8 日冷涡维持和减弱阶段,强降水范围向东扩展,分布更加不均匀,降水量增大(图 6.1d,e,f),出现多站多时次 >30 mm·h⁻¹ 的强降水。

6.2　天气尺度环流背景

暴雨开始前,500 hPa 亚欧中高纬度地区环流经向度不断增大,乌拉尔山地区的高压脊缓慢东移到中西伯利亚高原,高压脊前冷空气南下促使冷槽加深;1908 号台风“范斯高”向北移动,副热带高压(以下简称副高)北抬。8 月 6 日 08 时,不断加深的冷槽在蒙古国东部切断成东北冷涡,副高北抬,北界至 43°N,向西伸展到黄海北部。冷涡与副高相距较近,两者之间风速增大,向北的水汽输送增强,黑龙江省西南部出现暴雨(图 6.2a)。7 日 08 时(图 6.2b),冷涡由近圆形逐渐变为椭圆形,形成东西两个中心,脊前冷空气南下到贝加尔湖附近促使西部中心加强,位于蒙古国和内蒙古交界的东部环流中心(东北冷涡)强度维持。台风“范斯高”越过副高脊线移至朝鲜半岛,副高开始东撤。8 日 08 时(图 6.2c),冷涡形状变为狭长带状,西部中心继续加强,东部东北冷涡减弱为横槽;台风“范斯高”移至日本海北部。

850 hPa 上,8 月 6 日 08 时(图 6.2d)冷涡位于蒙古国与内蒙古交界,冷涡前侧偏南风增大,锋区北抬;偏南风的强暖平流促使锋区上温度梯度加大,暖锋锋生;115°E 以东的高空急流加强北抬,位于黑龙江省和俄罗斯远东地区上空。黑龙江省西南部,暖锋锋生加强了低层辐合抬升,高层位于高空急流入口区,加强了高层辐散,降水强度增大。8 月 7 日 08 时(图 6.2e),冷涡缓慢东移减弱,台风携带大量暖湿空气北上,锋区北抬,强暖平流促使锋区东段锋生;高空急流加强,急流轴向东向北移动,暴雨区北移,东部降水加强。8 月 8 日 08 时(图 6.2f),冷涡移至黑龙江省西南部,台风环流向北移至日本海西部接近俄罗斯远东地区,暖锋减弱。低涡北

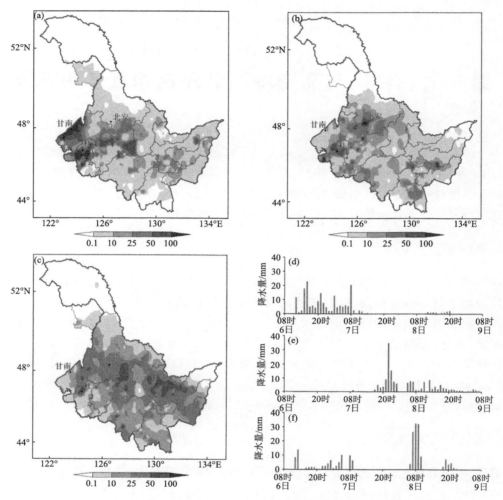

图 6.1　2019 年 8 月 6 日(a)、7 日(b)、8 日(c)逐日 24 h 降水量及甘南站(d)、
北安站(e)和杜蒙站(f)逐时降水量(单位:mm)

部偏东风强风速带更加狭长,从日本海到内蒙古东北部均为偏东大风速区,有利于水汽向西输送。高空急流轴东移至日本海,在黑龙江省上空重新建立风速 30～40 m·s⁻¹ 的反气旋弯曲的高空急流,高空维持强辐散。受冷涡和台风影响,黑龙江省出现东西两个暴雨区。

6.3　水汽条件

　　充足的水汽供应是暴雨的必要条件。下面分析降水过程中水汽输送、辐合特征及分布特点与强降水落区的关系,为今后类似的东北冷涡持续暴雨过程预报提供参考和依据。

　　地面至 300 hPa 水汽通量垂直积分显示,强降水期间有两条水汽输送通道:第一条为副高外围的偏南气流向北输送水汽,第二条为偏东(东北)气流向西输送水汽。从暴雨区(图 6.3a)中黑色方框四个边界 123.4°～127.1°E,46.4°～49.2°N)水汽输送随时间分布看,8 月 6 日(图 6.3a),副高位置偏西偏北,其西侧偏南气流较大,建立向北的水汽输送通道,水汽辐合大

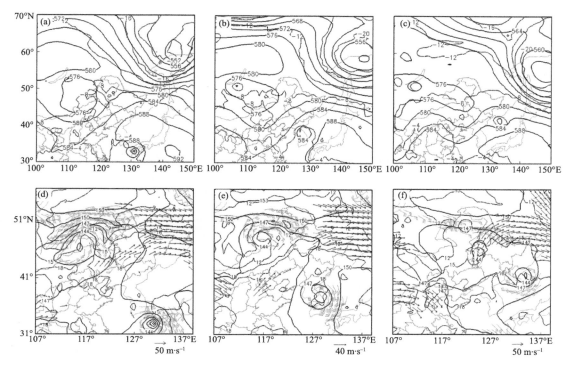

图 6.2　2019 年 8 月 6 日 08 时(a,d)、7 日 08 时(b,e)、8 日 08 时(c,f)
500 hPa(a,b,c)和 850 hPa(d,e,f)环流形势
(黑色实线为高度场,单位为 dagpm,灰色虚线为温度场,单位为℃,灰色箭矢为 200 hPa 风速＞25 m·s^{-1} 的
风场,黑色风向杆为 850 hPa 风速＞8 m·s^{-1} 的风场)

值区位于黑龙江省西南部,暴雨出现在水汽辐合大值区北侧。7 日(图 6.3b),随着副高的东退,偏南水汽通道不断减弱,偏东水汽通道增强。水汽辐合大值区范围扩大,暴雨出现在水汽辐合大值区北侧。8 日(图 6.3c),偏东水汽通道及水汽辐合大值区的范围和强度均进一步增强,降水再度加强,同时东部地区水汽输送加强和辐合增大,也出现多站暴雨。

计算 5—9 日地面至 300 hPa 暴雨区各边界间隔 6 h 水汽输送量(正值为流入,负值为流出),发现 8 月 6 日 08 时—9 日 08 时(图 6.3d),暴雨时段东、北、南三个边界的水汽输入量分别为 176.45×10^7 t·s^{-1}、127.08×10^7 t·s^{-1}、55.77×10^7 t·s^{-1},分别占水汽输入总量的49.11％、35.37％、15.52％。西边界的水汽输出量为 82.74×10^7 t·s^{-1}。可见,暴雨期间东边界的水汽输入最为关键,占整个水汽输入总量的一半,其次是以东北气流输送水汽为主的北边界,与水汽通量分析显示的偏东气流水汽输送带相对应。尽管南边界的总水汽输入总量不大,但集中出现在第一个暴雨日,是 6 日暴雨过程主要水汽贡献者。

6.4　低层锋生和不稳定特征

本次暴雨过程是由暖锋稳定维持在同一区域且不断锋生造成的。8 月 6 日 08 时假相当位温(θ_{se})((彩)图 6.4a)显示,东北地区南部为 θ_{se}＞336 K 的暖湿气团,53°N 以北为 θ_{se}＜308 K 的干冷气团,两气团之间为等 θ_{se} 线密集的锋区呈东西向分布,位于黑龙江省。锋区南侧为副高

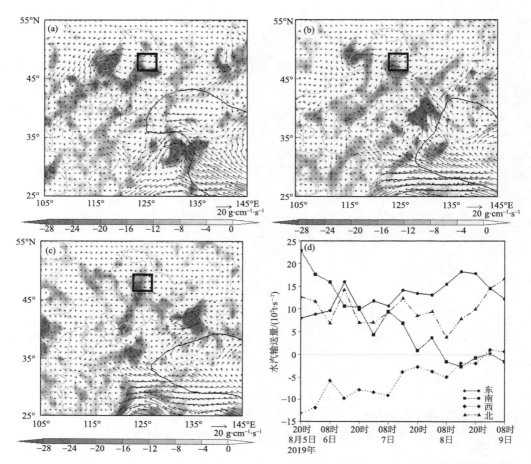

图 6.3　2019 年 8 月 6 日 08 时(a),7 日 08 时(b),8 日 08 时(c)地面至 300 hPa 水汽通量和水汽通量
散度的垂直积分及图 6.3a 方框各边界地面至 300 hPa 的水汽输送量随时间演变(d)
(a～c 箭矢为水汽通量,单位为 g·cm^{-1}·s^{-1},阴影为水汽通量散度,单位为 10^{-6} g·cm^{-2}·s^{-1},
黑实线为 500 hPa 上 588 dagpm 线,黑色方框为暴雨区;图 d 等值线为水汽输送量,单位为 10^{7}t·s^{-1})

外围携带暖湿空气北上的西南气流,西南风速较大的区域对应强暖平流。锋区上有多处锋生,
最大锋生位于最强暖平流北侧,内蒙古与黑龙江交界处。强降水出现在 850 hPa 锋区南侧,呈
东西带状分布,暴雨与最大锋生区相对应。随着台风携带暖湿空气北上,东北地区中南部的 θ_{se}
值持续增大,锋区一直维持在黑龙江中部。8 月 7 日 08 时((彩)图 6.4b),344 K 线向北扩展
到吉林东部,锋区位置稳定,锋区西部强度略减弱,东部加强,强降水范围增大,西部降水强度
减弱。台风继续携带暖湿空气北上,344 K 线到达黑龙江东南部,促使锋区东段进一步增强
((彩)图 6.4c),锋区最强达 20 K·(100 km)$^{-1}$。7—8 日,随着东段锋区的增强,黑龙江东部
地区降水强度和范围增大;西段锋区随着暖平流的减小而逐渐减弱,锋区减弱阶段逐日也有暴
雨出现,强降水时段与锋生相对应。

　　沿 124°E 作经向垂直剖面来探究西部地区强降水时段热力条件和锋生机制。8 月 6 日 08
时((彩)图 6.4d),地面锋区位于 46°～48°N,锋区向北倾斜,倾斜角度随高度增大,700 hPa 以
上基本竖直。850 hPa 以下锋区上有强暖平流,最大暖平流出现在 900 hPa,达 500 K·h^{-1}·

$(100\ \mathrm{km})^{-1}$,与强锋生区相对应。低层强锋生区位于松嫩平原向大兴安岭山脉过渡的迎风坡,锋面抬升加上地形辐合作用造成强降水,同时大气中层有弱冷空气活动,大气中低层表现为弱对流不稳定,有利于强降水的维持。7—8 日(图 6.4e,f)低层锋区越来越向北倾斜,倾斜角度近似与地形相平行。低层锋区上暖平流的范围和强度逐渐减小,锋生强度也减弱,迎风坡上逐日均有暴雨出现,只是量级较 6 日有所减小。

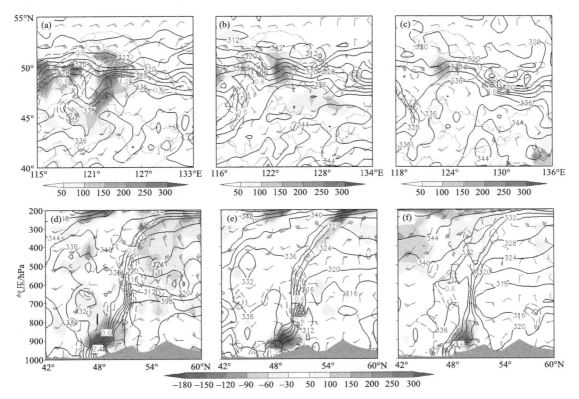

(彩)图 6.4　2019 年 8 月 6 日 08 时(a,d),7 日 08 时(b,e),8 日 08 时(c,f)850 hPa 各物理量分布(a,b,c)及沿 124°E 垂直剖面(d,e,f)

(黑实线为假相当位温,单位为 K,蓝虚线为锋生函数,单位为 $\mathrm{K \cdot h^{-1} \cdot (100\ km)^{-1}}$,彩色阴影为温度平流,单位为 $10^{-5}\ \mathrm{K \cdot s^{-1}}$,灰色阴影为地形)

本次连续 3 d 的暴雨过程,以对流性降水为主,具有典型东北冷涡的降水特点。图 6.5 分别为甘南、北安和杜蒙三站的强降水前 6 h 的 $T_{850\sim500}$、K 指数和 CAPE 分布情况,通过考察暴雨区在强降水时段的不稳定条件,选取对预报暴雨有指示意义的物理量。6—7 日冷涡新生和维持阶段,冷涡中高层东南侧有冷平流,低层为副高外围西南暖平流,黑龙江中南部 850~500 hPa 的温差普遍较大,$T_{850\sim500}\geqslant25\ \mathrm{℃}$(图 6.5a,b)。西南暖湿气流向北输送水汽,使大气中低层显著增湿,K 指数较大,特别是暴雨区,$K\geqslant35\ \mathrm{℃}$。黑龙江南部地区对流有效位能(CAPE)较大,出现暴雨的西南部地区,位于 CAPE 大梯度区北侧,CAPE 为 100~500 $\mathrm{J \cdot kg^{-1}}$。8 日(图 6.5c),是冷涡减弱阶段,随着高低空的冷暖平流逐渐减弱,850~500 hPa 的温差减小,暴雨区 $21\ \mathrm{℃}\leqslant T_{850\sim500}\leqslant23\ \mathrm{℃}$。台风携带暖湿空气北上也会促使大气中低层显著增湿,K 指数维持较大,特别是暴雨区依然是 $K\geqslant35\ \mathrm{℃}$;CAPE 减小到 $\leqslant200\ \mathrm{J \cdot kg^{-1}}$。

　　冷涡的不同发展阶段暴雨发生前 6 h 的不稳定条件不同,冷涡新生和维持阶段,$T_{850\sim500}\geqslant$ 25 ℃,$K\geqslant35$ ℃,且有一定的对流有效位能,对暴雨的出现有较好的指示意义。而冷涡减弱阶段除了 K 指数依然维持较大外,高低空温差及对流有效位能均减小,不稳定条件的指示意义变弱。

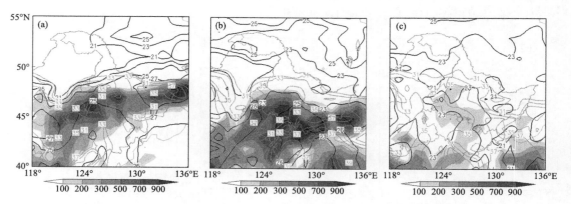

图 6.5　2019 年 8 月 6 日 02 时(a),7 日 14 时(b),8 日 02 时(c)不稳定条件
(实线为 $T_{850\sim500}$,单位为℃,虚线为 K 指数,单位为℃,阴影为 CAPE,单位为 J·kg^{-1})

6.5　动力特征

　　位涡是一个包含了热力因子和动力因子的综合物理量,具有守恒性,在绝热、无摩擦条件下,运动大气的位涡保持不变,这样可以通过追踪位涡异常区来追踪大气扰动的演变情况(寿绍文,2010)。从位涡的垂直剖面(图 6.6a,b,c)看,暖锋高层的正位涡强度不断增大,正位涡大值区也是涡度和静力稳定度的大值区,与气旋性环流相对应。高层正位涡大值区的范围不断向下层扩展,在对流层中层和低层分别形成正位涡中心,相应地,大气中低层的涡度不断增加,逐渐在暖锋前形成正涡柱结构,并在地面锋区上诱发出气旋性环流,8 日在黑龙江西南部有低压新生。

　　在散度和垂直速度的垂直剖面(图 6.6d,e,f)上,暖锋锋区低层有较强的辐合,高层有辐散,但强度小于低层辐合。锋区低层的强辐合区位于迎风坡,锋面辐合抬升和地形强迫抬升的共同作用,使得低层强辐合区持续 3 d 维持在此处,对应中低层的强上升运动。垂直流场上表现为暖锋前上升、暖锋后下沉的垂直于锋区的次级环流。

　　做 3 个暴雨中心各物理量的高度-时间演变图(图 6.7),来研究本次暴雨过程的降水特点。发现本次暴雨过程低层湿度较大,850 hPa 比湿达到 11~13 g·kg^{-1},湿层深厚;较强的水汽通量辐合出现在 850 hPa 以下;中低层具有上升运动,而上升速度普遍不超过 1 Pa·s^{-1}。强降水时段中低层上升运动和低层水汽辐合叠置;而小时雨量<10 mm 时,低层上升运动之上的中层为下沉运动,即对流发展受到抑制,所以雨强不大。

6.6　小结与讨论

　　(1)在东北冷涡前侧,低层持续受暖锋影响出现持续性暴雨。暖锋锋生加强了低层辐合抬升,高层位于高空急流入口区,加强了高层辐散,降水强度增大。冷涡东移减弱阶段,台风携带大量暖湿空气北上促使锋区北抬,强降水维持。暖锋稳定维持在同一区域且不断锋生造成暴雨。强降水出现在 850 hPa 锋区南侧,呈东西带状分布,暴雨与最大锋生区相对应。大气中层为弱对流不稳定,有利于强降水的维持。

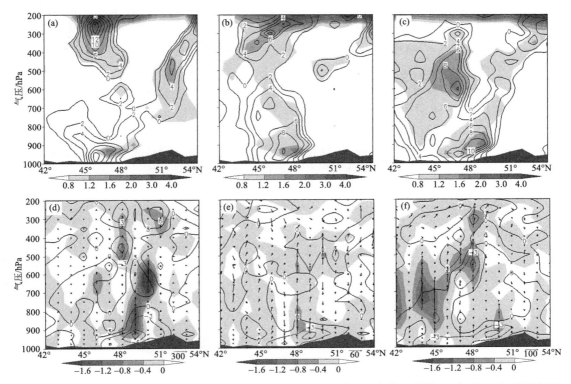

图 6.6　2019 年 8 月 6 日 08 时(a,d),7 日 08 时(b,e),8 日 08 时(c,f)各物理量沿 124°E 的经向-高度剖面(a~c 等值线为涡度,单位为 $10^{-5}\ \mathrm{s}^{-1}$,阴影为位涡,单位为 PVU=$10^{-6}\ \mathrm{m}^2 \cdot \mathrm{K} \cdot \mathrm{s}^{-1} \cdot \mathrm{kg}^{-1}$,d~f 等值线为散度,单位为 $10^{-5}\ \mathrm{s}^{-1}$,阴影为垂直速度,单位为 $\mathrm{Pa} \cdot \mathrm{s}^{-1}$,箭矢为 $v\text{-}w$(w 放大 100 倍))

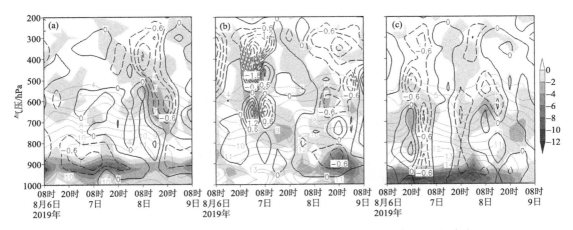

图 6.7　暴雨中心甘南(a)、北安(b)和杜蒙(c)各物理量的高度-时间演变
(阴影为水汽通量散度,单位为 $10^{-7}\ \mathrm{g} \cdot \mathrm{s}^{-1} \cdot \mathrm{cm}^{-2} \cdot \mathrm{hPa}^{-1}$,黑色等值线为垂直速度,单位为 $\mathrm{Pa} \cdot \mathrm{s}^{-1}$,灰色等值线为比湿,单位为 $\mathrm{g} \cdot \mathrm{kg}^{-1}$)

(2)高层正位涡大值区向下层扩展,在中低层形成正位涡中心,促使涡度增加,在暖锋前形成正涡柱结构,在地面锋区上诱发出气旋性环流,有低压新生。锋区低层的强辐合区位于迎风坡,锋面辐合抬升和地形强迫抬升的共同作用,使低层强辐合区持续 3 d 维持在同一区域,对应中低层的强上升运动。垂直流场上表现为暖锋前上升、暖锋后下沉的垂直于锋区的次级环流。

(3)强降水期间有两条水汽输送路径:第一条为副高外围的偏南气流向北输送水汽,第二条为偏东(东北)气流向西输送水汽。暴雨区东边界的水汽输入最为关键,占到整个水汽输入总量的一半,尽管南边界的总水汽输入量不大,但集中出现在第一个暴雨日,是 6 日暴雨过程主要水汽贡献者。

(4)冷涡的不同发展阶段产生暴雨所需要的不稳定条件预报指标不同,冷涡新生和维持阶段,$T_{850\sim500} \geqslant 25$ ℃,$K \geqslant 35$ ℃,且有一定的对流有效位能,对暴雨的出现有较好的指示意义。而冷涡减弱阶段除了 K 指数依然维持较大外,高低空温差及对流有效位能均减小,不稳定条件的指示意义变弱。

第 7 章　结论与讨论

7.1　概念模型

　　暴雨区位于台风中心附近及暖锋前,中尺度的东南低空急流向北输送高动量的暖湿空气,暖湿空气在急流前部暖切变线附近辐合抬升,大量的水汽辐合是产生暴雨的直接原因。暴雨区高层有中尺度高空西风急流,加强的高空辐散区有利于低空东南急流的增强及上升运动的发展。引发暴雨的中尺度对流系统具有深厚的垂直运动,加强了低层热量和水汽的向上输送。台风西北部对流层高层有一支源于高纬度地区的高动量的干侵入气流逐渐侵入台风西南侧中层。中高层干冷空气活动,不仅有利于触发对流,而且大大降低了大气稳定度,为对流的发生发展提供了有利条件。暖锋锋区随高度向西北倾斜,锋区低层有强烈锋生(图 7.1)。对流层低层的对流不稳定和对流层中层的湿对称不稳定的同时存在,有利于对流运动的维持和发展。

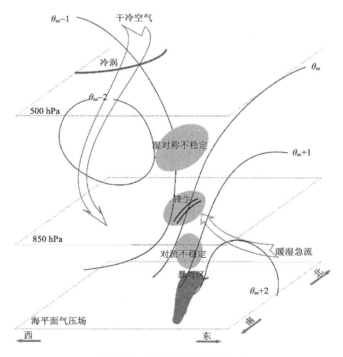

图 7.1　台风暴雨概念模型

(θ_{se} 为假相当位温)

7.2　结论与讨论

（1）统计 1961 年以后所有台风暴雨个例,计算所有个例降水初始时刻及降水最大时段动力和热力物理量特征,发现物理量达到如下标准会出现暴雨：850 hPa 假相当位温为 326～350 K,850 hPa 比湿为 9～14.5 g·kg^{-1},850 hPa 水汽通量为 8～23.5 g·s^{-1}·cm^{-1}·hPa^{-1},925 hPa水汽通量散度为 -4.5×10^{-7}～-1×10^{-7} g·s^{-1}·cm^{-2}·hPa^{-1},700 hPa 涡度为1×10^{-5}～7×10^{-5} s^{-1},925 hPa 辐合强度为 -4×10^{-5}～-0.8×10^{-5} s^{-1},300 hPa 辐散强度为 0.7×10^{-5}～2.1×10^{-5} s^{-1},700 hPa 垂直速度为 -0.5～-0.14 Pa·s^{-1},850 hPa 锋生强度为 0.3～1.95 K·h^{-1}·(100 km)$^{-1}$,K 指数为 27～38.5 ℃。

（2）台风暴雨基本环流形势：高空有偏西或西南急流,台风一般位于高空急流入口区右侧强辐散区；副高位置异常偏北,并与高纬度暖高压脊同位相叠加,形成高压坝,台风沿副高西侧偏南气流北上；均有偏南和偏东低空急流向东北地区输送水汽,在台风中心及北侧倒槽处辐合抬升形成暴雨。台风暴雨过程均与中尺度锋生有关。台风北上到较高纬度与冷空气相互作用发生变性,冷空气的强度、路径及侵入台风环流的方式不同使台风变性程度不同,导致台风移动速度及对流分布的差异,最终造成降水强度和持续时间的不同。变性台风云系呈现非对称结构。预报过程中除了关注台风强度及路径外,还需要注意分析高纬度冷空气活动对台风变性的影响。环境风垂直切变会影响变性台风的对流分布,对强降水预报有指示意义。地形对暴雨的增幅作用明显,地形有利于中尺度对流系统的发生发展。累计降水量超过 100 mm 的站点基本都处于长白山脉或小兴安岭的迎风坡。

（3）在 2000 年以后所有台风北上减弱、变性并入西风槽（涡）的个例中,选取给黑龙江省带来区域暴雨的历史个例,将所有个例分为 4 类：台风直接北上暴雨、台风残涡暴雨、台风与高空冷涡合并（直接相互作用）暴雨和台风与高空冷涡（槽）远距离相互作用暴雨。通过分析典型个例热力、动力结构特征,得到台风暴雨的中尺度三维结构：暴雨区位于台风中心附近及暖锋前,中尺度的东南低空急流向北输送高动量的暖湿空气,暖湿空气在急流前部暖切变线附近辐合抬升,大量的水汽辐合是产生暴雨的直接原因。暴雨区高层有中尺度高空西风急流,加强的高空辐散区有利于低空东南急流的增强及上升运动的发展。引发暴雨的中尺度对流系统具有深厚的垂直运动,加强了低层热量和水汽的向上输送。台风西北部对流层高层有一支源于高纬度地区的高动量的干侵入气流逐渐侵入台风西南侧中层。中高层干冷空气活动,不仅有利于触发对流,而且大大降低了大气稳定度,为对流的发生发展提供了有利条件。暖锋锋区随高度向西北倾斜,锋区低层有强烈锋生。对流层低层的对流不稳定和对流层中层的湿对称不稳定的同时存在,有利于对流运动的维持和发展。

7.3　预报思路及着眼点

统计 1961 年以后所有台风暴雨个例,计算所有个例降水初始时刻 850 hPa 假相当位温、比湿和锋生函数,降水最大时段 850 hPa 水汽通量、925 hPa 水汽通量散度、700 hPa 垂直速度和涡度、925 hPa 和 300 hPa 散度、850 hPa 锋生函数及 K 指数,来分析 4 类典型台风暴雨的物理量特征。

多数个例的上述物理量达到表 7.1 标准会出现暴雨。850 hPa 假相当位温为 326～350 K,

850 hPa 比湿为 9.0~14.5 g·kg⁻¹，850 hPa 水汽通量为 8.0~23.5 g·s⁻¹·cm⁻¹·hPa⁻¹，925 hPa 水汽通量散度为 -4.5×10^{-7}~-1.0×10^{-7} g·s⁻¹·cm⁻²·hPa⁻¹，700 hPa 涡度为 1.0×10^{-5}~7.0×10^{-5} s⁻¹，925 hPa 散度为 -4.0×10^{-5}~-0.8×10^{-5} s⁻¹，300 hPa 散度为 0.7×10^{-5}~2.1×10^{-5} s⁻¹，700 hPa 垂直速度为 -0.50~-0.14 Pa·s⁻¹，850 hPa 锋生强度为 0.30~1.95 K·h⁻¹·(100 km)⁻¹，K 指数为 27.0~38.5 ℃。

表 7.1　4 种类型台风暴雨各物理量对比

物理量／暴雨类型	假相当位温/K	比湿/(g·kg⁻¹)	水汽通量/(g·s⁻¹·cm⁻¹·hPa⁻¹)	水汽通量散度/(10⁻⁷ g·s⁻¹·cm⁻²·hPa⁻¹)	涡度/(10⁻⁵ s⁻¹)	散度/(10⁻⁵ s⁻¹)		垂直速度/(Pa·s⁻¹)	锋生强度/(K·h⁻¹·(100 km)⁻¹)	K 指数/℃
						925 hPa	300 hPa			
北上台风	332~342	10.5~13.0	12.0~22.5	−4.5~−1.5	3.0~7.0	−4.0~−1.2	1.0~1.5	−0.50~−0.29	0.90~1.88	30.0~35.0
台风残涡	332~350	11.0~14.5	13.0~19.0	−3.5~−2.25	3.5~6.0	−2.0~−1.8	0.7~1.6	−0.35~−0.25	0.45~1.35	31.0~38.5
直接作用	326~339	9.0~12.0	11.0~23.5	−3.5~−1.25	1.0~3.0	−2.3~−0.8	0.9~2.1	−0.30~−0.18	0.60~1.95	27.0~34.5
远距离台风	330~342	9.5~13.0	8.0~14.0	−2.5~−1.0	1.4~4.0	−1.3~−0.8	1.0~1.2	−0.30~−0.14	0.30~0.68	29.0~36.0
总计	326~350	9.0~14.5	8.0~23.5	−4.5~−1.0	1.0~7.0	−4.0~−0.8	0.7~2.1	−0.50~−0.14	0.30~1.95	27.0~38.5

注：假相当位温、比湿、水汽通量、锋生强度均为 850 hPa；涡度、垂直速度为 700 hPa；水汽通量散度为 925 hPa。

参考文献

白人海,金瑜,1992.黑龙江省暴雨之研究[M].北京:气象出版社.

毕鑫鑫,陈光华,周伟灿,2018.超强台风"天鹅"(2015)路径突变过程机理研究[J].大气科学,42(1):227-238.

蔡则怡,宇如聪,1997.LASG坐标有限区域数值预报模式对一次登陆台风特大暴雨的数值试验[J].大气科学,21(4):459-471.

陈宏,杨晓君,尉英华,等,2020.干冷空气入侵台风"海棠"残余低压引发的华北地区大暴雨分析[J].暴雨灾害,39(3):241-249.

陈联寿,丁一汇,1979.西太平洋台风概论[M].北京:科学出版社.

陈宣淼,余贞寿,叶子祥,2018.浙南闽北登陆台风发生区域性暴雨增幅的环境场特征分析[J].暴雨灾害,37(3):246-256.

程正泉,陈联寿,李英,2012.登陆热带气旋海马(0421)变性加强的诊断研究[J].气象学报,70(4):628-641.

丛春华,陈联寿,雷小途,等,2012.热带气旋远距离暴雨的研究[J].气象学报,70(4):717-727.

崔着义,张胜平,陈翠英,等,2006.0509号台风"麦莎"对山东造成的暴雨洪水灾害分析[J].海洋预报,23(1):38-43.

丁一汇,蔡则宜,李吉顺,1978.1975年8月上旬河南特大暴雨的研究[J].大气科学,2(4):276-289.

龚晓雪,赵思雄,2007.麦莎台风登陆后能量过程与水汽供应的诊断研究[J].气候与环境研究,12(3):437-452.

古秀杰,张霞,苏艳华,等,2019.台风"温比亚"停滞少动及转向机理探究[J].热带气象学报,35(6):780-788.

黄亿,寿绍文,傅灵艳,2009.对一次台风暴雨的位涡与湿位涡诊断分析[J].气象,35(1):65-73.

黄艺伟,陈淑仪,何敏,等,2021.我国台风高发期东海和南海海区GIIRS/FY-4A温度反演廓线精度研究[J].热带气象学报,37(2):277-288.

冀春晓,薛根元,赵放,等,2007.台风Rananim登陆期间地形对其降水和结构影响的数值模拟试验[J].大气科学,31(2):233-244.

江漫,漆梁波,2016.1959—2012年我国极端降水台风的气候特征分析[J].气象,42(10):1230-1236.

焦敏,李辑,于亚鑫,等,2019.BCC_CSM1.1(m)模式对初夏东北冷涡的模拟及应用[J].气象与环境学报,35(4):55-62.

金荣花,高拴柱,顾华,等,2006.近31年登陆北上台风特征及其成因分析[J].气象,32(7):33-39.

雷小途,陈联寿,2001.热带气旋的登陆及其与中纬度环流系统相互作用的研究[J].气象学报,59(5):602-615.

李慧琳,高松影,徐璐璐,等,2015.影响辽东半岛两次相似路径的台风对比分析[J].气象与环境学报,31(1):6-13.

李英,陈联寿,雷小途,2006.高空槽对9711号台风变性加强影响的数值模拟研究[J].气象学报,64(5):552-563.

李英,陈联寿,雷小途,2013.Winnie(9711)台风变性加强过程中的降水变化研究[J].大气科学,37(3):623-633.

梁军,李英,张胜军,等,2014.辽东半岛热带气旋暴雨的中尺度结构及复杂地形的影响[J].高原气象,33(4):1154-1163.

梁军,李英,张胜军,等,2015.影响辽东半岛两个台风 Meari 和 Muifa 暴雨环流特征的对比分析[J].大气科学,39(6):1215-1224.

梁军,张胜军,冯呈呈,等,2019.台风 Polly(9216)和 Matmo(1410)对辽东半岛降水影响的对比分析[J].气象,45(6):766-776.

梁军,冯呈呈,张胜军,等,2020.台风"温比亚"(1818)影响辽东半岛的预报分析[J].干旱气象,38(2):280-289.

梁钊明,王东海,2015.一次台风变性并入东北冷涡过程的动力诊断分析[J].大气科学,39(2):397-412.

刘会荣,李崇银,2010.干侵入对济南"7.18"暴雨的作用[J].大气科学,34(2):374-386.

刘硕,李得勤,赛瀚,等,2019.台风"狮子山"并入温带气旋过程及引发东北强降水的分析[J].高原气象,38(4):804-816.

刘英,王东海,张中锋,等,2012.东北冷涡的结构及其演变特征的个例综合分析[J].气象学报,70(3):354-370.

陆佳麟,郭品文,2012.入侵冷空气强度对台风变性过程的影响[J].气象科学,32(4):355-364.

罗玲,娄小芬,傅良,等,2019.ECMWF 极端降水预报指数在华东台风暴雨中的应用研究[J].气象,45(10):1382-1391.

马梁臣,孙力,王宁,2017.东北地区典型暴雨个例的水汽输送特征分析[J].高原气象,36(4):960-970.

孟庆涛,孙建华,乔枫雪,2009.20世纪90年代以来东北暴雨过程特征分析[J].气候与环境研究,14(6):596-612.

孟智勇,徐祥德,陈联寿,2002.9406号台风与中纬度系统相互作用的中尺度特征[J].气象学报,60(1):31-39.

钮学新,杜惠良,刘建勇,2005.0216号台风降水及其影响降水机制的数值模拟试验[J].气象学报,63(1):57-63.

钮学新,杜惠良,滕代高,等,2010.影响登陆台风降水量的主要因素分析[J].暴雨灾害,29(1):76-80.

任福民,杨慧,2019.1949年以来我国台风暴雨及其预报研究回顾与展望[J].暴雨灾害,38(5):526-540.

任丽,王承伟,张桂华,等,2013.台风布拉万(1215)深入内陆所致的大暴雨成因分析[J].气象,39(12):1561-1569.

任丽,杨艳敏,金磊,等,2014.一次东北冷涡暴雨数值模拟及动力诊断分析[J].气象与环境学报,30(4):19-25.

任丽,赵玲,马国忠,等,2018.台风残涡北上引发东北地区北部大暴雨的中尺度特征分析[J].高原气象,37(6):1671-1683.

任丽,关铭,李有缘,等,2019.一次暴雨过程受不同系统影响的动力热力场结构特征[J].气象科技,47(6):959-968.

任丽,唐熠,杨艳敏,等,2021a.两个相似路径台风深入内陆所致暴雨对比分析[J].暴雨灾害,40(5):484-493.

任丽,赵柠,赵美玲,等,2021b.两次副热带高压北侧暖锋暴雨动力热力诊断[J].高原气象,40(1):61-73.

沈浩,杨军,祖繁,等,2014.干空气入侵对东北冷涡降水发展的影响[J].气象,40(5):562-569.

寿绍文,2010.位涡理论及其应用[J].气象,36(3):9-18.

孙建华,张小玲,卫捷,等,2005.20世纪90年代华北大暴雨过程特征的分析研究[J].气候与环境研究,10(3):492-506.

孙力,安刚,丁立,等,2000.中国东北地区夏季降水异常的气候分析[J].气象学报,58(1):70-82.

孙力,隋波,王晓明,等,2010.我国东北地区夏季暴雨的气候学特征[J].气候与环境研究,15(6):778-786.

孙力,董伟,药明,等,2015.1215号"布拉万"台风暴雨及降水非对称性分布的成因分析[J].气象学报,73(1):36-49.

孙力,马梁臣,沈柏竹,等,2016.2010年7—8月东北地区暴雨过程的水汽输送特征分析[J].大气科学,40(3):630-646.

孙颖姝,王咏青,沈新勇,等,2018.一次"大气河"背景下东北冷涡暴雨的诊断分析[J].高原气象,37(4):970-980.

陶诗言,1980.中国之暴雨[M].北京:科学出版社.

王承伟,齐铎,徐玥,等,2017.冷空气入侵台风"灿鸿"引发的东北暴雨分析[J].高原气象,36(5):1257-1266.

王东海,钟水新,刘英,等,2007.东北暴雨的研究[J].地球科学进展,22(6):549-560.

王秀萍,梁军,2006.近52年北上热带气旋的若干气候特征[J].气象,32(10):76-80.

王宗敏,李江波,王福侠,等,2015.东北冷涡暴雨的特点及其非对称结构特征[J].高原气象,34(6):1721-1731.

魏铁鑫,缪启龙,段春锋,等,2015.近50a东北冷涡暴雨水汽源地分布及其水汽贡献率分析[J].气象科学,35(1):60-65.

吴丹,黄泓,王春明,等,2021.高空槽脊对台风"天兔"(0705)变性过程中非对称降水的影响[J].大气科学,45(2):355-368.

吴庆梅,张胜军,刘卓,等,2015.北京一次对流暴雨过程的干冷空气活动及作用[J].高原气象,34(6):1690-1698.

肖光梁,陈传雷,龙晓慧,等,2019.辽宁省短时暴雨和大暴雨时空分布与变化特征[J].气象与环境学报,35(5):46-52.

徐红,晁华,王文,等,2016.东北冷涡暴雨落区统计与诊断分析[J].气象与环境学报,32(3):41-46.

杨晓霞,陈联寿,刘诗军,等,2008.山东省远距离热带气旋暴雨研究[J].气象学报,66(2):236-250.

杨雪艳,秦玉琳,张梦远,等,2018.基于"配料法"的东北冷涡暴雨预报研究[J].大气科学学报,41(4):475-482.

姚晨,娄珊珊,叶金印,2019.冷空气影响台风暴雨的中尺度分析及数值模拟[J].暴雨灾害,38(3):204-211.

岳彩军,2009."海棠"台风降水非对称分布特征成因的定量分析[J].大气科学,33(1):51-70.

张雅斌,黄蕾,毛冬艳,等,2018.关中盛夏强湿雷暴环境条件与云微物理特征[J].高原气象,37(1):167-184.

赵思雄,孙建华,2013.近年来灾害天气机理和预测研究的进[J].大气科学,37(2):297-312.

赵宇,李静,杨成芳,2016.与台风"海鸥"相关暴雨过程的水汽和干侵入研究[J].高原气象,35(2):444-459.

周冠博,林青,高守亭,等,2019.斜压涡度的变化与台风暴雨的关系研究[J].热带气象学报,35(6):732-741.

周玲丽,翟国庆,王东海,等,2011.0713号"韦帕"台风暴雨的中尺度数值研究和非对称性结构分析[J].大气科学,35(6):1046-1056.

周芯玉,程正泉,涂静,等,2020.台风艾云尼非对称降水及动热力结构演变特征分析[J].气象学报78(6):899-913.

周毅,宋辉,肖坤,等,2012.一次变性台风再增强过程的敏感性试验[J].热带气象学报,28(3):289-299.

朱洪岩,陈联寿,徐祥德,2000.中低纬度环流系统的相互作用及其暴雨特征的模拟研究[J].大气科学,24(5):669-675.

朱佩君,郑永光,陶祖钰,2003.发生在中国大陆的台风变性加强过程分析[J].热带气象学报,19(2):157-162.

BENDER M A,TULETA R E,KURIHARA Y,1985. A numerical study of the effect of a mountain range on a landfalling tropical cyclone[J]. Mon Wea Rev,113:567-582.

BROWNING K A,GOLDING B W,1995. Mesoscale aspects of a dry intrusion within a vigorous cyclone[J]. Quart J Roy Meteor soc,121:463-493.

BROWNING K A,ROBERTS N M,1996. Variation of frontal and precipitation structure along a cold front [J]. Quart J Roy Meteor soc,122:1845-1872.

BROWNING K A,1997. The dry intrusion perspective of extra-tropical cyclone development[J]. Meteor Appl, 4(4):317-324.

CHEN Y S,YAU M K,2003. Asymmetric structures in a simulated landfalling hurricane[J]. J Atmos Sci,60:

2294-2312.

CHEN S Y,KNAFF J A,MARKS F D J R,2006. Effects of vertical wind shear and storm motion on tropical cyclone rainfall asymmetries deduced from TRMM [J]. Mon Wea Rev,134(11):3190-3208.

DENG D F,RITCHIE E A,2018. Rainfall characteristics of recurvingtropical cyclones over the western North Pacific[J]. J Climate,31(2):575-592.

HARR P A,ELSBERRY E L,2000. Extratropical transition of tropical cyclones over the western North Pacific. Part I: Evolution of structural characteristics during the transition process[J]. Mon Wea Rev, 128: 2613-2633.

HOSKINS B J,BRETHERTON F P,1972. Atmospheric frontogenesis models:mathematical formulation and solution[J]. J Atmos Sci,29(1):11-37.

HOSKINS B J,1974. The role of potential vorticity in symmetric stability and instability[J]. Quart J Roy Meteor Soc,100:480-482.

KLEIN P M,HARR P A,ELSBERRY R L,2000. Extratropical transition of western North Pacific tropical cyclones:An overview and conceptual model of the transformation stage [J]. Wea Forecasting,15:373-395.

KLEIN P M,HARR P A,ELSBERRY R L,2002. Extratropical transition of western North Pacific tropical cyclones:Midlatitude contributions to intensification [J]. Mon Wea Rev,130 (9):2240-2259.

KOTESWARAM P,GASPAR S,1956. The surface structure of tropicalcyclones in the Indian area [J]. Ind J Meteor Geophys,7:339-352.

LEMON L R,1998. On the mesocyclone 'dry intrusion' and tornadogesis [C]//Preprints,19th Conference on Severe Local Storms. Minneapolis:Amer Meteor Soc:752-755.

SEKIOKA M,1956. A hypothesis on complex of tropical and extratropical cyclones for typhoon in the middle latitudes. I. Synoptic structure of typhoon Marie over the Japan Sea[J]. J Meteor Soc Japan,34:42-53.

TULEYA R E,KURIHARA Y,1981. A numerical simulation of the land-fall of tropical cyclones [J]. J Atmos Sci,35:242-257.

WU C C,YEN T H,KUO Y H,et al,2002. Rainfall simulation as-sociated with typhoon Herb (1996)near T aiwan. Part I:The topog raphic effect [J]. Wea Forecasting,17:1001-1015.

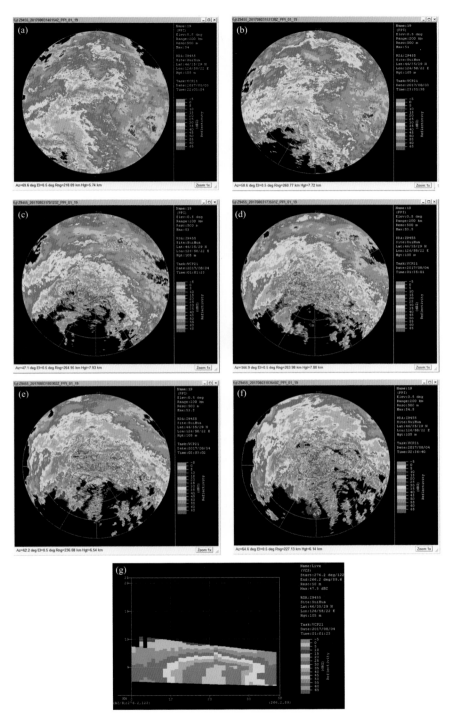

图 4.6　绥化站雷达 0.5°仰角反射率因子演变以及反射率因子垂直剖面

2017 年 8 月 3 日 22 时 01 分（a）、23 时 31 分（b）和 4 日 01 时 01 分（c）、01 时 35 分（d）、02 时 03 分（e）、

02 时 36 分（f）及 4 日 01 时 01 分沿图（c）中直线的反射率因子垂直剖面（g）

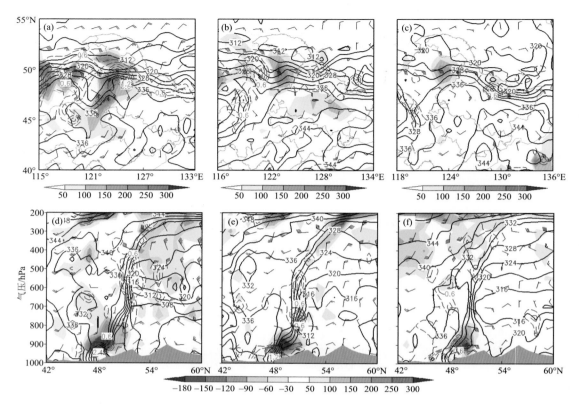

图 6.4　2019 年 8 月 6 日 08 时(a,d),7 日 08 时(b,e),8 日 08 时(c,f)850 hPa 各物理量分布(a,b,c)及
沿 124°E 垂直剖面(d,e,f)

(黑实线为假相当位温,单位为 K,蓝虚线为锋生函数,单位为 K·h⁻¹·(100 km)⁻¹,彩色阴影为温度
平流,单位为 10⁻⁵ K·s⁻¹,灰色阴影为地形)